W0467747

Paul Simsa

# Dies alles fuhr auf unsern Straßen

Paul Simsa

# Dies alles fuhr auf unsern Straßen

Motor
buch
Verlag

Einbandgestaltung: Luis dos Santos

Bildnachweis: Alle Abbildungen soweit nicht anders angegeben stammen aus dem Archiv des Autors

Eine Haftung des Autors oder des Verlages und seiner Beauftragten für Personen-, Sach- und Vermögensschäden ist ausgeschlossen.

ISBN 978-3-613-03280-4

Copyright © by Motorbuch Verlag, Postfach 10 37 43, 70032 Stuttgart.
Ein Unternehmen der Paul Pietsch Verlage GmbH & Co .

Sie finden uns im Internet unter:

www.motorbuch-verlag.de

Die erste Auflage 2011

Der Nachdruck, auch einzelner Teile, ist verboten. Das Urheberrecht und sämtliche weiteren Rechte sind dem Verlag vorbehalten. Übersetzung, Speicherung, Vervielfältigung und Verbreitung einschließlich Übernahme auf elektronische Datenträger wie CD-Rom, Bildplatte usw. sowie Einspeicherung in elektronische Medien wie Bildschirmtext, Internet usw. sind ohne vorherige schriftliche Genehmigung des Verlages unzulässig und strafbar.

Einführungstext: Gunter Ehni
Innengestaltung: Jürgen Knopf, Medien und Printprodukte, 74321 Bietigheim
Druck und Bindung: Bechtel-Druck GmbH & Co.KG, 73061 Ebersbach/Fils
Printed in Germany

# *Inhaltsverzeichnis*

# Einleitung

## Hurra, wir fahren noch

Der Zweite Weltkrieg war zwar vorbei, aber die 50er Jahre wurden nicht automatisch für alle, die Auto fahren wollten, auch gleich zu einem blühenden Corso des Wirtschaftswunders. Zwar gab es schon die Traum-Ferrari, die Jaguar, die Mercedes-Benz und erst recht die exotischen Straßenkreuzer aus Amerika – aber freie, individuelle Mobilität der finanziell nicht so gut gestellten Mehrheit blieb zu einem großen Teil entweder an das Motorrad, die automobilen Relikte der Vorkriegszeit, die stark aufkommenden Motorroller oder an die Resultate des Einfallsreichtums der Kleinstwagen-Hersteller gebunden. Oder aber an die Erfindergabe des kleinen Mannes: Die Marke Eigenbau erfreute sich großen Zuspruchs. Das Straßenbild der 50er Jahre war deshalb kunterbunt gemischt und von höchst unterschiedlichen Konstruktionen belebt. Während unzählige Prachtbände an die teuren Traumwagen dieser Zeit erinnern, hat dieses Buch, in seiner Erstauflage 1969 erschienen, ein anderes Anliegen: Es zeigt den Alltag auf den Straßen jener Jahre. Unglaublich, was damals alles mit behördlichem Segen auf unseren Straßen fuhr.

*So wie hier in Berlin sah es 1945 in vielen deutschen Städten aus. Trümmer, Not und Autowracks, man war froh mit dem nackten Leben davongekommen zu sein. Ein Auto war unerreichbarerer Luxus, nach statistischen Berechnungen konnte jeder Deutsche alle 98 Jahre einen neuen Anzug erwarten. Foto: Bundesarchiv*

*Was einigermaßen lief und Bremsen hatte, durfte fahren, auch wenn der donnernde Auspuff die Nachbarn beim Frühmorgenstart senkrecht in den Betten stehen ließ. Was weder der Krieg noch der Zahn der Zeit schaffte und später dann der TÜV noch nicht vollendet hatte, erledigte schließlich die astronomische Versicherungsprämie für die großen Brummer aus der Heldenzeit des Motorrads.*

# Einleitung

Vielleicht 300 Kilogramm Leergewicht, zwei Sitzplätze, zur Not auch nur drei Räder und von einem mit kaum 300 Kubikzentimeter Hubraum bestückten Zweitakter angetrieben: Das Konzept vieler Kleinstwagen in den 50er Jahren dreht sich um die minimalen Voraussetzungen, Mobilität zu schaffen mit einem Dach über dem Kopf, mit ein oder zwei Türen oder auch einem anhebbaren Plexiglasdach als Einstiegsluke, wie etwa beim legendären Messerschmitt-Kabinenroller. Klar, ein Käfer war das Ideal, doch für die meisten ein unerschwingliches Ideal.

*Irgendwie hatte doch das eine oder andere Wrack überlebt. Damals waren sie zu kostbar, um einfach weggeworfen zu werden, vielfach verhalfen ihnen findige Handwerker zu neuem Leben – so wie in dieser Berliner Reparaturwerkstätte, 1949.Foto: Bundesarchiv, Bild 183-S86826 / CC-BY-SA*

Die Hersteller trauen sich zunächst selbst kaum, die von ihnen geschaffenen Kleinstwagen als vollwertige Automobile zu bezeichnen. Man einigt sich allenthalben auf den Fachbegriff »Mobil«, und um dieser Kategorie oft winziger Wagen – die seltsamerweise in den Reklameprospekten bisweilen so geräumig wirken wie Omnibusse – sowie ihren Lenkern eine öffentliche Plattform zu verschaffen, gründet die Motor Presse Stuttgart 1954 das Fachblatt *Rollerei und Mobil*. Die erste Ausgabe vom Dezember 1954 stellt sich so vor: »Dem kleinen Kraftfahrzeug, dank seiner geringen Größe erschwinglich in Anschaffung und Verbrauch, kommt im heutigen Deutschland mit seiner Arbeitsintensität eine Bedeutung zu, wie wohl sonst in keinem Lande mehr ... Roller und Mobil erweitern den Lebenskreis ihres Besitzers wie sonst wohl kein Gut einer fortgeschrittenen Zivilisation mehr, denn immer noch bringt das Kraftfahrzeug seinem Herren den weitesten Gewinn an Raum und Zeit.«

Zu Beginn der 50er Jahre indes hat das häufigste Transportmittel des kleinen Mannes oft nur zwei Räder: NSU steigt gerade zum größten Motorrad-Hersteller der Welt auf, und mit dem Motorroller – von NSU kommt die Lambretta, von

*Das Motorrad-Werk von BMW lag nach Kriegsende in der »Zone«, dem sowjetische besetzten Teil Deutschlands. In München lief die Motorradfertigung erst 1948 wieder an. Eine neue Boxer-BMW war damals allerdings praktisch unerschwinglich. »Old soldiers never die, they just fade away ...«*

*Wo sind sie geblieben? Man gestatte mir Sentimentalität, wir liebten so etwas.*

ROLLERei
und MOBIL
A.v.D.
Brauhaus Bier
Nummer 1
2. JAHRGANG
JANUAR 1956
PREIS DM 1.-
Postverlagsort Stuttgart
Rollerfahren im Winter
Wie Roller gemacht werden
Test
Lloyd 600
Dürkopp Diana

# Einleitung

Progress der Strolch, von Triumph die Comtessa und aus Italien der riesige Verkaufserfolg Vespa – erhält das Zweiradfahren eine neue Dimension. Besser geschützt vor Wind, Regen und dem Matsch aufgeweichter Lehmpfade, fährt der Rollerbesitzer im Anzug, mit Hut und mit fein geputzten Lederschuhen ins Büro; wenigstens in der Werbung. In der Realität können auch die Blechkonstruktionen der vielen Roller-Fahrgestelle trotz ihrer Böden und Beinschilder nicht allen Wind und schon gar nicht allen Regen vom Fahrer fernhalten.

Dies ist eine klare Aufforderung an die Zubehör-Industrie: Abenteuerliche Paletots wie der französische L'Anfibio entstehen, die nicht nur den Fahrer, sondern auch noch den halben Roller vom Scheitel abwärts einkleiden. Alles geht damit gut – bis zur ersten seitlichen Böe. Es dauert mehr als drei Jahrzehnte, bis BMW mit einem überdachten Roller dieses Konzept der 50er Jahre versuchsweise noch einmal belebt.

Der Traum vom eigenen Auto wird anfangs der Fünfziger mithin auch von immer mehr Roller-Fahrern geträumt. Und die Zeitstimmung gibt den Visionären unter den Tüftlern und Garagisten recht. Wir sind ja wieder wer: 1954 gewinnt Deutschland in Bern die Fußball-Weltmeisterschaft; im gleichen Jahr kommt Mercedes-Benz zurück auf die Grand-Prix-Strecken der Welt, und das mit einem fantastischen Doppelsieg im ersten Rennen der neuen Silberpfeile in Reims.

Die neue Verfassung ist zu dieser Zeit bereits fünf Jahre alt, die nach dem Krieg eingeführten Lebensmittelmarken gelten schon seit dem 1. Januar 1950 nicht mehr. Viele Soldaten kommen aus der Gefangenschaft wieder heim, was zunächst die Arbeitslosenzahlen bis auf vier Millionen steigen lässt; doch die Konjunktur zieht an, Vollbeschäftigung winkt, und damit sinkt auch die Zahl derer, die keine Beschäftigung haben. Zarte Vorboten kündigen einen Wohlstandsfrühling an. Die Deutschen haben plötzlich die

*Busse mit Russland-Heimkehrern, 1953; Foto: Bundesarchiv, Bild 146-1987-053-31 / (Foto) Schneider / CC-BY-SA*

ROLLER·MOBIL
KLEINWAGEN
Wir testen einen Tiger
Was kostet Rollerfahren?
Nummer 5. JAHRGANG
APRIL 1959
4
PREIS DM 1.20
Postverlagsort Stuttgart

# Einleitung

*Goggomobil*

Möglichkeit, mal wieder zu verreisen. NSU zum Beispiel richtet einen eigenen Campingplatz an der Adria ein, Werksangehörige kommen mit ihren Familien so in den Genuss eines günstigen Italien-Urlaubs.

Überhaupt Italien. Die Küsten zwischen Riviera und Adria werden zum deutschen Traumziel, das am allerliebsten mit dem eigenen Auto oder Mobil angesteuert wird. Zur Not auch mit dem Roller. Der Beiwagen-Hersteller Steib bietet Seitenwagen für Motorroller an, die zur Familienreise mit Gepäck von *Rollerei und Mobil* als »Das dritte Bein« wärmstens empfohlen werden.

Aber es gibt zum Preis von etwa zwei Motorrollern der großen Klasse bis 200 Kubikzentimeter auch schon ein richtiges Auto, etwas, das sogar noch viel mehr ist als nur ein Mobil: zum Beispiel den 1950 in Verkehr gebrachten Lloyd LP 300 des Herstellers Borgward. Dort hatte man sich entschieden, aus Kostengründen auf das Konzept der Hansa-Kleinwagen aus den 30er Jahren zurückzugreifen. Die Grundstruktur der Karosserie besteht aus Hartholz, das mit Sperrholz beplankt wird. Dann kommt eine Lage Filz, und das Ganze wird mit Kunstleder eingekleidet. Angetrieben wird der LP 300 von einem selbstentwickelten 0,3-Liter-Zweizylinder mit 10 PS Leistung. Vier Personen mit Reisegepäck gehen zwar nur mit viel Begeisterung hinein, aber der LP 300 ist ein richtiges Auto.

Sofort bekommt er einen Spitznamen: der Leukoplast-Bomber, denn Risse in der Außenhaut können auch mit Hansaplast zusammengehalten werden.

Als einer der meistgebauten Kleinwagen der 50er Jahre wird er samt seiner Derivate und Nachfolger vom Typ LP 400, LP 600 und Alexander zum Star, auch, was die Produktionszahlen betrifft: Der später sogar in Blech ausgeführte Leukoplastbomber wird bis zu seinem Produktionsende 1961 insgesamt gut 300 000 Mal gefertigt.

Hannover Mai 1954, Foto: Bundesarchiv, B 145 Bild-F001671-0006 / Brodde / CC-BY-SA

Der Wiederaufbau machte Fortschritte, und um der Wohnungsnot Herr zu werden, wurden an der Peripherie der großen Städte Eigenheimsiedlungen aus dem Boden gestampft. Rund 30 000 Mark kostete so ein Häuschen im Grünen, dafür gab es auch einen Mercedes-Benz 300 SL. Hannover 1954; Foto: Bundesarchiv; B 145 Bild-F001670-0004 / Brodde / CC-BY-SA

# Einleitung

Großer Rivale: das Goggomobil von Hans Glas aus Dingolfing. Diese schnuckelige kleine Limousine wird von einem Zweizylinder-Zweitakter mit immerhin 14 PS aus 250 Kubikzentimetern Hubraum in Bewegung gesetzt. Sie bietet bis zu vier Personen Platz, wenn die beiden Hinterbänkler nicht zu groß geraten sind. Das liebevoll »Goggo« gerufene Wägelchen wird in verschiedenen Entwicklungsstufen und Karosserie-Modifikationen vom eleganten Coupé bis hin zum Kastentransporter bis 1969 gefertigt, insgesamt rund 281 000 Mal.

Die Fachwelt differenziert fein. Während *Rollerei und Mobil* den Lloyd bereits der Kategorie »Wagen« zurechnet, rangiert der Goggo noch unter »Rollermobile«, genauso wie der dritte Star unter den Kleinstwagen der 50er Jahre: der Kabinenroller.
Erdacht vom Flugzeug-Konstrukteur Fritz Fend, der einst bei Messerschmitt den ersten Düsenjäger vom Typ Me 262 mit entwickelte, erscheint der elegant auch als Coupè vermarktete Kabinenroller KR 175 im Jahre 1953. Zwei Jahre später wird der Einzylinder-Zweitakter auf 200 Kubikzentimeter vergrößert, Leistung 10,2 PS; in dieser Form gibt es den Karo 200 bis 1964. Wildester Spross am Karo-Stamm ist der Tiger 500, jetzt mit vier Rädern und einem 500er-Zweitakt-Twin von Fichtel & Sachs. Der leistet 19,5 PS und beschleunigt den 390 Kilogramm leichten Tg 500 bis auf 125 km/h, ein Geschwindigkeitsbereich, in den sich allerdings nur die mutigsten Tiger-Dompteure trauen. Von 1958 bis 1961 entstehen nur etwa 200 Exemplare.

Vierter Kleinwagenstar wird in den 50ern die Isetta von BMW. Die vom italienischen Hersteller Iso entwickelte Karosserie zeichnet sich durch die weit öffnende Fronttür aus; in eine Isetta steigt man nicht ein, man wird als Passagier förmlich geschluckt. Mit Einzylinder-Viertaktern ausgerüstet, die auf einem Motorrad-Antrieb des Hauses basieren und 250 oder 300 Kubikzentimeter Hubraum aufweisen, erreicht die scherzhaft als »Knutschkugel« titu-

*Kein Leukoplastbomber mehr: Das hier war der Lloyd LP 600, eine sehr solide Sache mit Viertaktmotor. Als er 1955 erschien, lag Lloyd auf Platz drei der deutschen Zulassungsstatistiken, nach VW und Opel .*

*Renzo Rivolta hatte mit der ISO-Isetta ein Rollermobil konstruiert, bei dem wie bei einem Kühlschrank die Türe zu öffnen war. BMW, ob seines missglückten Modellprogramms in argen Nöten, erwarb die Lizenzrechte und verkaufte zwischen 1955 und 1962 insgesamt dieser 161.728 Motocoupés. Foto: BMW-AG*

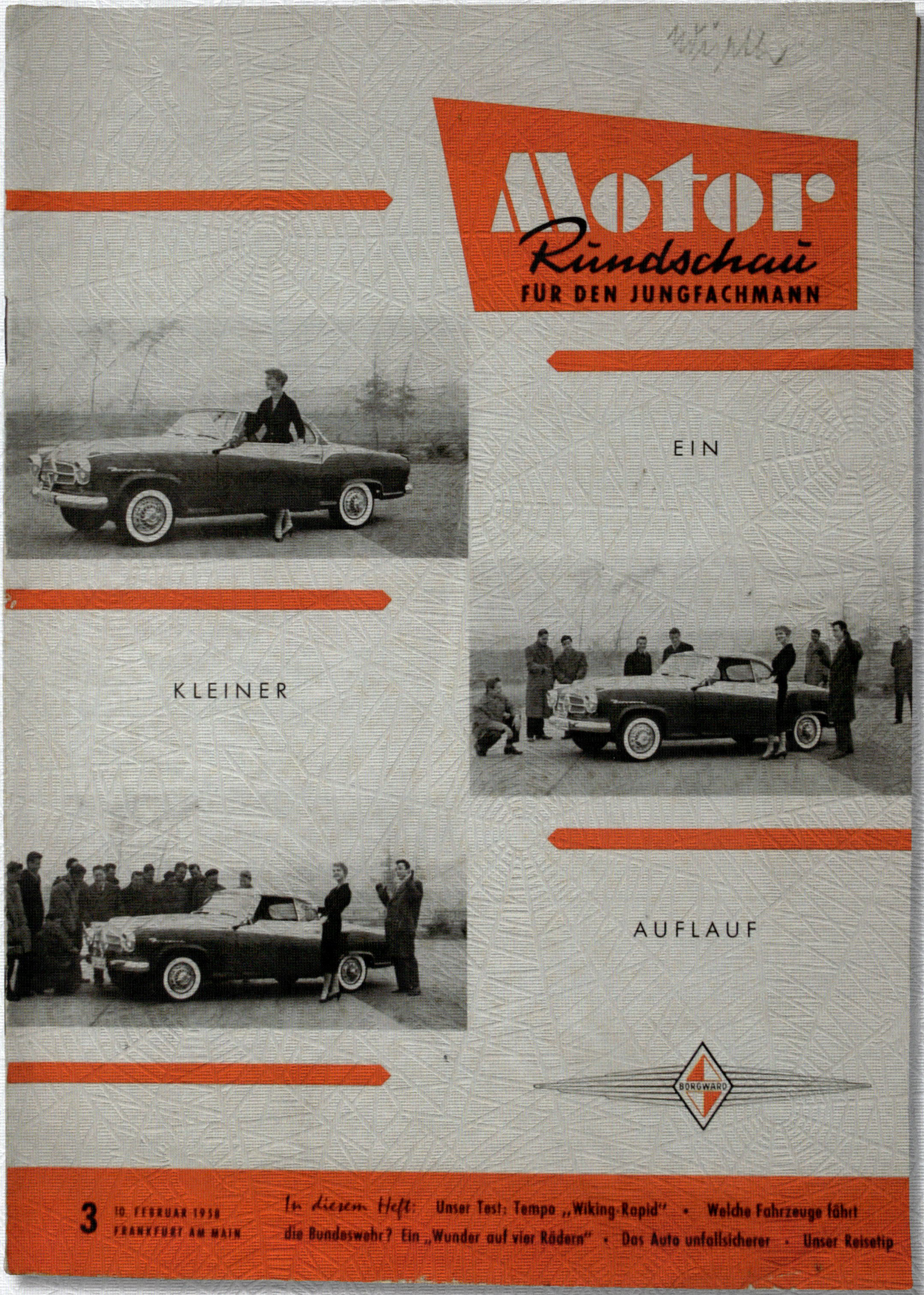
Motor
Rundschau
FÜR DEN JUNGFACHMANN
EIN
KLEINER
AUFLAUF
BORGWARD
3
10. FEBRUAR 1958
FRANKFURT AM MAIN
In diesem Heft: Unser Test: Tempo „Wiking-Rapid" • Welche Fahrzeuge fährt die Bundeswehr? Ein „Wunder auf vier Rädern" • Das Auto unfallsicherer • Unser Reisetip

# Einleitung

lierte Isetta stramme 85 km/h. Der Automobil-Schriftsteller Fritz B. Busch unternimmt mit Frau und Tochter Ende der 50er Jahre eine Italien-Tour in der Isetta, von Hamburg an den Gardasee. Seine Tochter spricht noch heute davon, tief beeindruckt. Mit 160 000 Exemplaren mindert die Isetta das Minus, das bei BMW durch den zu geringen Verkauf der großen, repräsentativen Typen aufläuft, zu denen der Barockengel BMW 501 oder der Sportwagen BMW 507 gehören. Davon inspiriert, legt BMW von 1957 bis 1959 eine viersitzige Stretch-Version der Isetta auf, den Typ 600 mit einem Zweizylinder-Motorradmotor; 35 000 Exemplare werden gebaut. Doch beginnt die Zeit der bisweilen skurrilen Mini-Automobile aus den 50ern bereits abzuflauen.

Der FMR Tg 500 war die Weiterentwicklung des von Fend entwickelten Messerschmitt Kabinenrollers. Mit seinem 490 ccm großen Zweizylinder-Zweitaktmotor von Fichtel & Sachs mit 19,5 PS lief er rund 130 km/h, davon konnte ein Käfer-Fahrer nur träumen. Die Fertigung lief 1961 aus, die Zeit der Rollermobile war unwiderruflich zu Ende.

Die Welt hat sich im Debüt-Jahr des BMW 600 schon ein ordentliches Stück weitergedreht, verglichen mit 1950. Seit 1952 gibt es in der noch jungen Bundesrepublik das Fernsehen, der russische Diktator Josef Stalin stirbt, doch der kalte Krieg zwischen Ost und West wird von seinen Nachfolgern unnachgiebig weitergeführt. In der 1949 gegründeten DDR wird der Volksaufstand vom 17. Juni 1953 blutig niedergeschlagen – Mercedes-Benz verkauft ab 1954 den Jahrhundertsportwagen vom Typ 300 SL, besser bekannt als Flügeltürer. Der kostet mit 30 000 Mark so viel wie ein Einfamilienhaus. Und der durchschnittliche Arbeitnehmer findet am Monatsende 350 Mark in seiner Lohntüte – ein Gehaltskonto auf der Bank wird erst gut ein Dutzend Jahre später üblich.

*Die deutsch-deutsche Teilung bestimmte auf Jahrzehnte hinaus die innenpolitische Debatte. Gleichzeitig ist hier sehr schön zu sehen, warum die meisten Kleinwagen und –mobile wieder verschwanden: Der Käfer war im Anrollen. Grenzübergang Marienborn, Juli 1954, Foto: Bundesarchiv, B 183-25607-0005 / CC-BY-SA*

*Während der Viererkonferenz im Februar 1954 in Berlin parken vor dem Block C-Nord an der Stalinallee ein Westberliner Volkswagen und ein Wagen der US-Armee. Bundesarchiv, Bild 183-23200-0119 / Weiß, Günter / CC-BY-SA*

# Einleitung

*Mit dem Wohlstand wachsen die Ansprüche. Bald genügt das bescheidene Goggomobil nicht mehr, ein größerer Wagen muss her. Mit modischer Panoramascheibe und kühnem Schwung an den Flanken wurde der Anschluss nach oben gesucht – mit einem 600-ccm-Zweizylinder-Viertakt-Boxermotor und 19 PS heißt das »Große Goggomobil« T 600. Er reift erst in Kundenhand zum zuverlässigen Begleiter.*

Die USA testen 1954 ungerührt ihr nukleares Arsenal. Mercedes-Benz zieht sich nach dem Unglücksrennen von Le Mans 1955 – es gibt mehr als 80 Tote – vom internationalen Rennsport auf Jahre hinaus zurück. Zwei Jahre später wird das berühmte Mille-Miglia-Rennen in Italien verboten; Grund ist ebenfalls ein schwerer Unfall mit vielen Toten. 1957 wird Konrad Adenauer das dritte Mal zum Bundeskanzler gewählt, was die Welt aber nicht so schockiert wie eine russische Entwicklung: Mit dem Sputnik kreist am 4. Oktober erstmals ein von Menschenhand gebautes Objekt außerhalb der Atmosphäre um die Welt. Ein Jahr später wird das Rock'n'roll-Idol Elvis Presley zur amerikanischen Armee eingezogen und für seinen Wehrdienst in Deutschland stationiert. Zwischen all den wirtschaftlichen, politischen und technischen Umwälzungen verliert der eine oder andere in den 50er Jahren schon mal den Überblick, was denn die rasende Zeit noch so mit sich führt. Zum Beispiel auf den Straßen der Republik.

Die technischen Möglichkeiten der großen Hersteller, ihre teuren Wagen und die damit verbundene Lebensart liegen den meisten Mitbürgern in den 50er Jahren noch fern. Allein – ein bisschen Auto dürfte es schon sein. Dieser Sehnsucht nach einer wetterfesten Transportmöglichkeit entspringen nicht wenige wunderbare Gefährte, die ihre Entstehung Autokonstrukteuren von eigenen Gnaden verdanken. Mehr als 30 Hersteller streiten allein in Deutschland um den Markt. Darunter sind Namen, an die sich heute tatsächlich niemand mehr erinnert. Machen Sie die Probe aufs Exempel: Wie viele kennen Sie noch? Es gab Adi, Basse, BMW, Böbler, Brütsch, Champion, Deltamobil, DKW, Dornier, Econom, E.A., Fend/Messerschmitt, Fuldamobil, Glas, Gnom, Gutbrod, Heinkel, Hoffmann, Hurst, Kersting, Kleine-Wolf, Kleinschnittger, Kroboth, Lloyd, Mada, Maico, Meyra, Motoflitz, NSU, Pinguin, Pio, Spatz, Staunau, Trippel, Wendax und Zündapp – um nur einige zu nennen.

Den Tempo Troll hingegen gab es nicht wirklich; er war ein Aprilscherz des Fachmagazins *Das Auto, motor und sport*. Ein pfiffiger Grafiker hatte die Frontkabine eines Tempo-Dreirads direkt an die Hinterachse montiert. Der Tempo Troll soll sich im einschlägigen Schrifttum aber

*Acht Jahre nach Kriegende füllen sich die Parkplätze in den Innenstädten wieder. Göttingen 1953, Foto: Bundesarchiv, B145 Bild-F001055-0012 / Brodde / CC-BY-SA*

*Noch sind nicht alle Wunden geschlossen, die der Krieg geschlagen hat. Heinzelmännchenbrunnen Köln 1956, Foto: Bundesarchiv, B145 Bild-F003815-0007 A / CC-BY-SA*

*Das Schlimmste überstanden: St. Aposteln Köln 1956, Foto: Bundesarchiv, B145 Bild-F003814-0002A / CC-BY-SA*

*Kathedralen der Moderne: Die Glasfassaden des Wirtschaftwunderlands. Bundesrechnungshof Frankfurt 1958, Foto: Bundesarchiv, B145 Bild-F006072-0007 / CC-BY-SA*

# Einleitung

lange behauptet haben; nicht alle Motor-Redakteure hatten in den 50er Jahren den goldenen Humor der Stuttgarter Redaktion.
Ein echtes Troll-Mobil gab es hingegen doch. Ein norwegisches Unternehmen kaufte Mitte der 50er Jahre die Konkursmasse des deutschen Gutbrod Superior, versah das Chassis mit einer merkwürdigen GFK-Karosserie und wollte so den skandinavischen Straßenverkehr beleben. Leider kam die Pleite vor dem großen Verkaufserfolg.
Überhaupt die internationale Seite der Mobil- und Kleinwagen-Szene in den 50er Jahren: Besonders die italienischen Karosserie-Spezialisten nahmen sich etwa der Fiat 500 und 600 an und zauberten Kreationen, die wie elegante, aber winzige Straßenkreuzer über die Boulevards rollten. Da gab es 1958 Entwürfe von Siata und Frua, aber auch von Ghia. Der Entwurf Ghia Jolly etwa war ein Strandwägelchen auf Basis des Fiat 500, ohne Dach, ohne Scheibenwischer, mit Korbsitzen und erhältlich zu einem Preis von 700 000 Lira. Umgerechnet waren das etwa 3500 Deutsche Mark, und dafür gab es schon ein richtiges Auto.
Mehr als das Doppelte kosteten damals die schicken kleinen Viotti-Coupés mit 500er- oder 600er-Fiat-Motoren. Das größere Modell schlug mit 8500 Mark zu Buche, und dafür gab es in Deutschland seinerzeit fast zwei VW Käfer 1200. Selbst die inzwischen in *Roller Mobil Kleinwagen* umbenannte Fachzeitschrift fasste sich an den Redakteurs-Kopf: »Man darf auch nicht fragen, ob es Sinn hat, 7000 bis 11000 Mark für eine Spezialkarosserie auf einem Kleinwagen-Fahrgestell hinzulegen, dem serienmäßige 1,5-Liter-Familienautos für 6000 Mark spielend weglaufen.«
Der Käfer machte in Deutschland letztendlich den vielen Kleinstmobilen und Eigenbauten den Garaus. 1954 gab es ihn für 4100 Mark, mit fünf Sitzplätzen, 30 PS und deutlich mehr als 100 km/h. Der Lloyd LP 400 S kostete mit seinen 13 PS auch schon 3800 Mark. Und die Mobile? Die la-

*Italienischer Chic, zu dem der Konstrukteur des deutschen Champion-Kleinwagens, Hermann Holbein, wesentliche Impulse beisteuerte: Der Fiat 500 erschien 1957 – ein weiterer Nagel am Sarg der deutschen Kleinwagen-Entwicklungen.*

Motor
Rundschau
FÜR DEN JUNGFACHMANN
GOLIATH
19 10. OKTOBER 1956 FRANKFURT AM MAIN

# Einleitung

*Als im Juni 1957 die Produktion des Zündapp Janus anlief, war die Hochzeit der Rollermobile bereits vorüber. Außerdem war der Mittelmotor-Viersitzer mit 3300 Mark viel zu teuer. Ein Erfolg war er nicht, der Volkswagen duldete keine Konkurrenz.*

gen 1954 bei 2435 Mark (Kleinschnittger) oder 2760 Mark (BMW Isetta 300) und 3000 Mark für das Goggomobil. Zündapp Janus, Victoria Spatz, das Fuldamobil – alles Mobile jenseits der 3000-Mark-Grenze. Der Champion 400 erforderte zwischen 1954 und 1956 gar 4500 Mark. Der Käfer aber wurde immer billiger: 1948 begann er mit einem Verkaufspreis von 5300 Mark zu krabbeln, doch ab 1957 musste der Volkswagen-Kunde nur noch 3750 Mark auf den Tisch des Hauses legen.

Was bleibt, sind die fotografischen Erinnerungen von Paul Simsa an eine Zeit, in der noch viele, die ein paar Mark sparen wollten, ein individuelles Konzept für die Fahrt im Automobil bevorzugten. Vorkriegs-Autos, Mobile, Kleinwagen und auch die Marke Eigenbau – das alles fuhr in den 50er Jahren auf unseren Straßen: »Was ich damals fotografiert und kommentiert habe, war ein Stück Alltag der fünfziger Jahre. Ich würde heute klassische Wagen nicht neben Kuriositäten stellen und auch im Text manches zurechtrücken, aber damals habe ich das so gesehen.«

Und weil das, was Paul Simsa – der 1955 zum Motor-Presse-Verlag Stuttgart kam, dem Verlagshaus von *Rollerei und Mobil* und der späteren Fachzeitschrift *mot* – vor die Linse fuhr, heute so unglaublich und unvorstellbar scheint, hat sich der Verlag entschlossen, die unvergessene Vergangenheit mit ihren vergessenen Automobilen noch einmal zu zeigen. Ein simpler Nachdruck schien uns aber nicht angemessen zu sein. Wir haben das 40 Jahre alte Layout geändert und das Format auch, versuchten, eine für den heutigen Leser nachvollziehbare Struktur zu geben und haben auf das eine oder andere Foto, das im Laufe der Zeit geltten hat, verzichtet. Der Grundtenor, der Charme dieses Klassikers der Motorliteratur hat darunter aber nicht gelitten.

Nostalgie ist Heimweh nach verwirklichten Idealen: Damals machte jedes noch so bescheidenen Vehikel seinen Besitzer stolz.

Der grosse Tag...
endlich VW-Besitzer

# *Ein* Wort zuvor

*Erst 1955 kaufte ich mir die Kamera. Da wurden längst neue Autos gebaut, viele alte Autos fuhren noch, man baute auch noch selbst, Kleinhersteller versuchten ihr kurzes Glück, mit der technischen Überwachung war es noch nicht weit her, man konnte noch basteln, improvisieren, spekulieren, und die Hoffnung auf eine billige Fahrzeugklasse zwischen Motorroller und Auto war noch lebendig. Ich hatte Neuheiten zu fotografieren und schoss das Alte mit, wie es mir auf der Straße vor die Kamera kam. Bei den klassischen Wagen aus historischem Interesse, vieles andere schon als Kuriosität, und auch bei den Neuheiten war ja manches kurios. Der Optimismus der Erbauer wurde schon belächelt, obwohl man ein paar Jahre vorher froh gewesen wäre, überhaupt irgendein Vehikel zu besitzen. Jmmer noch hatten wir Anlass genug, vieles ernstzunehmen, was im Rückblick als grotesk erscheint. Aber man blickt kaum mehr zurück. Schöne Veteranen sind bei Sammlern und Museen oder wenigstens in Büchern erhalten geblieben, aber fast vergessen ist das Durch- und Nebeneinander von alt und neu, das damals auf unseren Straßen rollte, und ganz vergessen sind die vielen mischrassigen und handgestrickten Fahrzeuge, mit denen man sich Träume verwirklicht hatte, die mit Geld nicht zu erkaufen waren. Wer sich der Sehnsucht noch erinnert, wird in meiner Bildersammlung manchen Traum von einst wiederentdecken, es darf geweint werden. Wer noch zu klein war, um sich für Autos zu interessieren, hat heute gut lachen; er bekommt seine Motorfahrzeugträume konfektioniert im Laden. Aber nicht zu stolz sein: es sind die gleichen alten Träume, nur moderner verwirklicht, und Abenteuer auf Rädern waren damals noch nicht verboten.*

ZUM MUSEUM

# Große Träume, kleine Wagen

S-AX 66
D

# Große Träume, kleine Wagen

Legendär wie der Dixi, heute ein Star bei Veteranen-Rallyes, in den fünfziger Jahren noch ganz ernsthaft im Betrieb, wenn auch selten und schon Liebhaberei: Der Hanomag-Kleinwagen 2/10 PS, als »Kommissbrot« berühmt. 1924 bis 1928 ist er gebaut worden. Die volle Ausnutzung der Wagenbreite für den Innenraum nahm moderne »Pontonseiten« vorweg, ohne Rücksicht auf konventionelle Vorstellungen von Autoschönheit, keine falsche Kühlerfront. Einzelradfederung vorn mit zwei Querblattfedern! Auch die Verwendung von Schraubenfedern für die starre Hinterachse war fortschrittlich. Der kleine Hanomag nahm Überlegungen des VW-Konzepts vorweg. Es wurde eine Musterlösung entgegen Dreirädern und anderen Kompromisskonstruktionen. Aber er war bald allzu vielen Witzen ausgesetzt, und Fahrer klagten über das arge Nicken des kurzen Fahrgestells. Hanomag wandte sich »richtigen« Autos zu – doch keines wurde so bekannt wie das Kommissbrot.

Wer nach dem Krieg noch ein Kommissbrot hatte oder fand, hielt es in Ehren; manche Exemplare waren fabelhaft gepflegt, so dieses Coupé, das 1955 neu hergerichtet im Stuttgarter Verkehr auftauchte, mit einer kuriosen Ladefläche hinten. Ursprünglich hatte das Kommissbrot nur den Mittelscheinwerfer, dazu später Begrenzungsleuchten, die jetzt normalen Hauptscheinwerfer stammen meist von Anfang der dreißiger Jahre, so auch bei diesem Wagen.

# Große Träume, kleine Wagen

Ein Meter Spurweite (genau 1,040 m), kein Differential, Antrieb der starren Hinterachse durch einen 500-ccm-Viertakt Einzylindermotor, für die Zeit fortschrittlich mit hängenden Ventilen und angeblocktem Getriebe! Achsantrieb mit Kette im Ölbad. 10 PS bei 2500 U/min, Wasserkühlung. Als Cabrio wog das Kommissbrot 370 kg, die geschlossene Karosserie war um 50 kg schwerer. Spitze 60 bis 65 km/h, Reisegeschwindigkeit 45 bis 50 km/h; zur Entstehungszeit des Kommissbrots fuhr man im allgemeinen auch mit größeren Wagen nicht viel schneller, der Motor war bullig und motorradmäßig stark. Aus dem Kommissbrot hätte bei kluger Weiterentwicklung ein Volkswagen längst schon vor dem VW werden können, aber wenn man den Direktoren damals nachsagte, sie hätten kein Herz fürs Volk gehabt, so muss man doch daran erinnern, daß 1928 die Konjunktur noch blühte und daß damals wie heute zwar viele Leute vom kleinen Auto schwärmen, aber das größere kaufen, sobald sie es bezahlen können.

AW 55 - 3121

# Große Träume, kleine Wagen

Auch er fuhr noch auf Deutschlands Straßen, damals 20 Jahre alt: der Framo Stromer. Oben als Cabrio, unten und Bilder rechts in weiterentwickelter Form als Cabriolimousine mit Grill ähnlich DKW. Es ist ein direkter DKW-Verwandter. Die Framo-Werke, Hainichen in Sachsen, gehörten zum Konzern des DKW-Gründers Rasmussen. Neben »Dem Kleinen Wunder« DKW waren doch immer wieder Hoffnungen auf Kleinstfahrzeuge gerichtet, zunächst wegen der Wirtschaftskrise, dann wegen der Führerscheinfreiheit bis 200 ccm. Bei Framo wurde ein Dreirad entwickelt, der Piccolo, mit Frontantrieb, zwei Räder vorn und eines hinten, anzusehen wie ein elegant proportionierter DKW mit spitz zulaufendem Stromlinienheck, 200 und 300 ccm. Ich habe einen einzigen Piccolo gesehen, etwa 1948 in Mainz. Längst nicht so schön und technisch interessant war der Stromer, dafür aber einfacher, mit Kettenantrieb vom DKW-Motorradmotor auf die Hinterachse ohne Differential, das Aussehen beim fortgeschrittenen Modell ganz konventionell.

Der ältere Wagen dürfte von 1933 stammen, Einstieg nur von rechts, die Cabriolimousine ist Baujahr 1934, mit Türen rechts und links, ein Mini-DKW im Aussehen, im Fahren allerdings ein Ding für sich. Ich weiß es, denn er gehörte mir. In diesem Wagen steckt der stärkere 300-ccm -Motor, jedoch war es mit der Stärke von 8 PS nicht weit her, das Überholen von Lastwagen war jedesmal spannend, und an Steigungen eilte man mit Weile. Die Karosserie war nett und hielt zusammen, Fahreigenschaften und Federung sind bei höchstens 60 km/h von vornherein nicht wichtig, und man hatte noch Humor, wenn mal die Kette riss oder wenn man aussteigen musste, um den Reservehahn hinten unter dem Tank umzustellen. Als in den dreißiger Jahren die

größeren Kleinwagen erschwinglicher wurden, blieb als Chance für Kleinstfahrzeuge nur noch die 200-ccm-Grenze, und da waren die Motoren allzu lahm; etwa 1937 muss der letzte Stromer gebaut worden sein. Meinen hatte ich gegen einen Motorrad-Beiwagen eingehandelt, und nach ein paar Monaten verkaufte ich ihn an eine Autolackiererei, die ihn als Stadtwagen benutzte. Kaufpreis: Eine erstklassige Lackierung für meinen neuen alten Hanomag.

# Große Träume, kleine Wagen

Von fast allen Vorkriegsmodellen gab es hübsche Versionen in sportlichem Stil. Beim Ford Eifel zum Beispiel, der von 1935 bis 1939 gebaut wurde. Hart gefedert, böse nickend, die Spitze von 100 km/h nur auf guter Straße zu ertragen, mit 34 PS bei 4250 U/min recht viel Leistung für den 1,2-Liter Motor mit seitlich stehenden Ventilen. Mitte der fünfziger Jahre standen die Roadster letzter (oberes Bild) und vorletzter Ausführung (Bild darunter) schon auf dem Gebrauchtwagenplatz. Mit Starrachsen, miserabel gefedert, weder wirklich schnell noch gar vollgasfest, ein Denkmal längst vergangener Ideale (die nicht zuletzt der BMW 328 als alte Hüte entlarvt hatte) und doch würzig wie alter Whisky: Der MG, noch mit den großen Rädern (TA bis TC). Den Stil hat er seit dem Midget durch die ganzen dreißiger Jahre und durch alle Modelle behalten. Ebenso wie den Ölfleck, mit dem er jeden Standplatz markierte.

Die lange Geschichte des Dreirads ist eine Chronik der Mißerfolge trotz Mühen und zeitweisen Erfolgen. Zu den Erfolgen gehört die Standardform des deutschen Lieferdreirads in den letzten Vorkriegsjahren und im ersten Jahrzehnt nach dem Krieg. Ob Motor am Vorderrad mitgeschwenkt oder im Heck oder in der Mitte mit Kardanwelle, das Erscheinungsbild war etwa gleich. Es lag nahe, solche Dreiräder mit geschlossenem Aufbau als Rezept fürs Minifahrzeug zu betrachten, und bei der Kleinstwagenwelle 1932 bis 1934 spielten auch Dreiräder mit, so der Goliath Pionier. Doch Lärm und Enge, problematische Lenkeigenschaften und bei der älteren schmalen Bauart auch die Kippgefahr machten keinen Appetit auf Weiterentwicklung. Personenwagen-Versionen der populären Lieferdreiräder blieben selten.

# Große Träume, kleine Wagen

Dies Dreirad muss sich jemand selbst gebaut haben, vielleicht auf Basis eines Goliath Pionier, bei dem jedoch der Aufbau anders war. Schon 1948 war es Sehnsucht von Millionen, wenigstens so zu fahren, um überhaupt zu fahren, und bis in die späten fünfziger Jahre rollte dieses Fahrzeug wohlgepflegt seiner Wege.

Kein Fass für Autoliebhaber, wenn auch kurios genug für einen Blick. Eine Zeitlang waren so ungewöhnliche Aufbauten Mode. Wer vor dem Krieg die unerwünschten ausländischen Sender hörte, wegen der sogenannten »schrägen Musik«, wird sich an Radio Luxemburg erinnern. Da gab es einen Werbeslogan: »Le Grand Aperitif: Byrrh«. Ich dachte immer, es handle sich um Bier. Denn was ein Aperitif war, lehrte weder die Schule noch das Leben.

# Große Träume, kleine Wagen

Der Gedankenweg vom Roller zum Dreirad mit angetriebenem Hinterrad lag nahe, gleich nach dem Krieg ging man auch vom Versehrtenfahrzeug aus. Bekanntester Kabinenroller war der Messerschmitt seit 1953, einer der unbekanntesten dieser Kroboth-Dreiradroller; ein biederer Versuch, doch zu spät gekommen.

Eine Firma in Frankfurt, spezialisiert auf Technik für Versehrte, versuchte sich mit einem Dreiradwagen, die Front halb als Tür aufklappbar. Er war vor allem für Körperbehinderte gedacht, aber ein wenig spielte auch die Hoffnung mit, es könne ein Fahrzeug für jedermann sein. Kein Erfolg.

# Große Träume, kleine Wagen

Eigenbauer bauten hingebungsvoll, eine ungeheure Arbeit steckt in diesem Beispiel. Karosserie mit Blick auf den Porsche entworfen, der seit 1950 gebaut wurde, die Vorderräder in Gabeln geführt, mit kurzen Schwinghebeln entsprechend der Bautendenz bei Motorrädern um 1950, Teleskop-Hinterradfederung Marke Eigenbau.

Eine Unzahl von mechanischen Problemen, ungeahnt beim Entwurf, immer neu auftretend bei der Erprobung, müssen für den Eigenbau gelöst werden. Zu schaffen, was man sich nicht kaufen kann, das Fahren als Triumph über die Widrigkeiten der Zeit und der Technik; das ist schon mehr als nur Bastelfreude gewesen.

FEND-KABINENROLLER mit 175 ccm F&S.
Messerschmitt - WERK
REGENSBURGER STAHL- UND METALLBAU GMBH

Dies Fahrzeug baute ein Student. Als Studie, wie er sagte. Angeregt von Vorbildern, darunter dem Fend-Flitzer, dem Urtyp des Messerschmitt-Kabinenrollers, aber eine Experimental-Konstruktion von eigenen Qualitäten. Noch war nicht vorgezeichnet, wie die Motorisierung weitergehen würde, Autos waren schwer erschwinglich, irgendwie sollte eine Zwischenklasse möglich werden, Wetterschutz für den Zweiradfahrer. Einsitzer waren viel im Gespräch, in Serie gelangte keiner.

# Große Träume, kleine Wagen

»Neben der vierrädrigen, sportlichen, offenen Bauart erscheinen nunmehr auch vereinzelt geschlossene Dreiradpersonenwagen auf dem Markt... Bei dem großen Bedarf an billigen Kleinstlastwagen für den Stadt- und Vorortverkehr, für Landärzte, Vertreter und nicht zuletzt für Kriegsversehrte wird auch das Fulda-Mobil mit seinem niedrigen Anschaffungspreis von 1850 DM seine Käufer finden« , schrieb eine Fachzeitschrift 1950. Der damals vorgestellte Prototyp gewann Gestalt 1951 bis 1952 in einer ersten Serie, unteres Bild; das letzte Modell von 1960 zeigt das obere Bild. Zehn Jahre Produktion, doch nur ca. 1500 Fahrzeuge.

Mit Kunstlederverkleidung kam das Anfangsmodell des Fulda-Mobils (Bild auf dieser und der vorigen Seite), mit Aluminiumblech, abgesetzter Vorderhaube und mehr Fensterfläche schon teurer war das nächste Modell von 1952/53. Die Aluminiumblechverkleidung versprach wetterbeständigen Glanz ohne Lack, aber Reparaturen wurden teuer, und die runde Form seit 1957 rettete den Typ nicht.

# Große Träume, kleine Wagen

»Es liegt auf der Hand, daß dieses doch denkbar einfach konstruierte Fahrzeug billig produziert werden kann«, schrieb 1954 ein namhafter Fachmann in einem namhaften Fachblatt; man wollte Wunder glauben. Der frühere Rennfahrer Egon Brütsch hatte schon ein paar Anläufe mit Kleinstwagen in sportlichem Stil hinter sich, als er sein Ei des Kolumbus konzipierte. Zwei Schalen aus Kunststoff, die untere selbsttragend für das Dreiradfahrwerk mit angetriebenem Hinterrad (200-ccm-Sachsmotor, Einzylinder-Zweitakter, 11 PS), die obere Hälfte sollte aufklappbar draufliegen. Zunächst steckte aber noch ein aufwendiges Metallchassis in dem Wagen, und zur erhofften Einfachstbauweise kam es nicht, denn der Kunststoff war der Beanspruchung als tragendes Teil nicht gewachsen. Es fand sich eine Firma, die das inzwischen vierrädrige Konzept erwarb und nach mühsamer Weiterentwicklung unter dem Namen »Spatz« herausbrachte (»Wir hatten eine Halle frei und dachten, daß so ein Wagen leicht zu machen wäre«). Als das fehlschlug, versuchte die Motorradfabrik Victoria bis 1958, ein Geschäft aus dem wiederum weiterentwickelten Typ zu machen. Aber nach 1500 Wagen war Schluss.

**Brütsch** blieb viele Jahre im Gespräch, obwohl keines seiner Projekte gelang. Er nährte Hoffnungen, an die er auch selbst glaubte, so an die Zukunft des einsitzigen Kleinfahrzeugs als Ablösung für Moped und Roller. Hier Mopetta und Rollera, 1957 als Musterstücke vorgestellt. Kunststoff sei einfach zu formen, deshalb sei die Mopetta nur 200 DM teurer als ein Moped mit dem gleichen 50-ccmMotor und die Rollera rund 300 DM teurer als ein Roller mit dem gleichen 100-ccm-Motor. Mangels Typprüfung waren die Fahrzeuge nicht zugelassen, die Nummernschilder nur Dekoration.

Das könnte mal das Volks- und Stadtfahrzeug der Zukunft sein, meinte mancher. Mehr noch wurde versprochen: Ein schraubenartiger Antrieb sorgt für die Fortbewegung auf dem Wasser... Mopetta als Miniatur-Motorboot, lasen wir in der Zeitung. Böse Menschen waren nicht so hoffnungsvoll. Hoffen wir, dass zunächst einmal »mittels einiger richtiger Schrauben eine Bremsanlage angebaut wird« schrieb ein solcher. Brütsch fand beinahe einen Mopetta-Fabrikanten, als »Opelit« wollte Dr. Georg von Opel, nicht zu verwechseln mit der Autofabrik Opel, das Fahrzeug in Serie bringen und über seine Volkskraftstoff-Tankstellen verkaufen. Aber das ließ er dann doch.

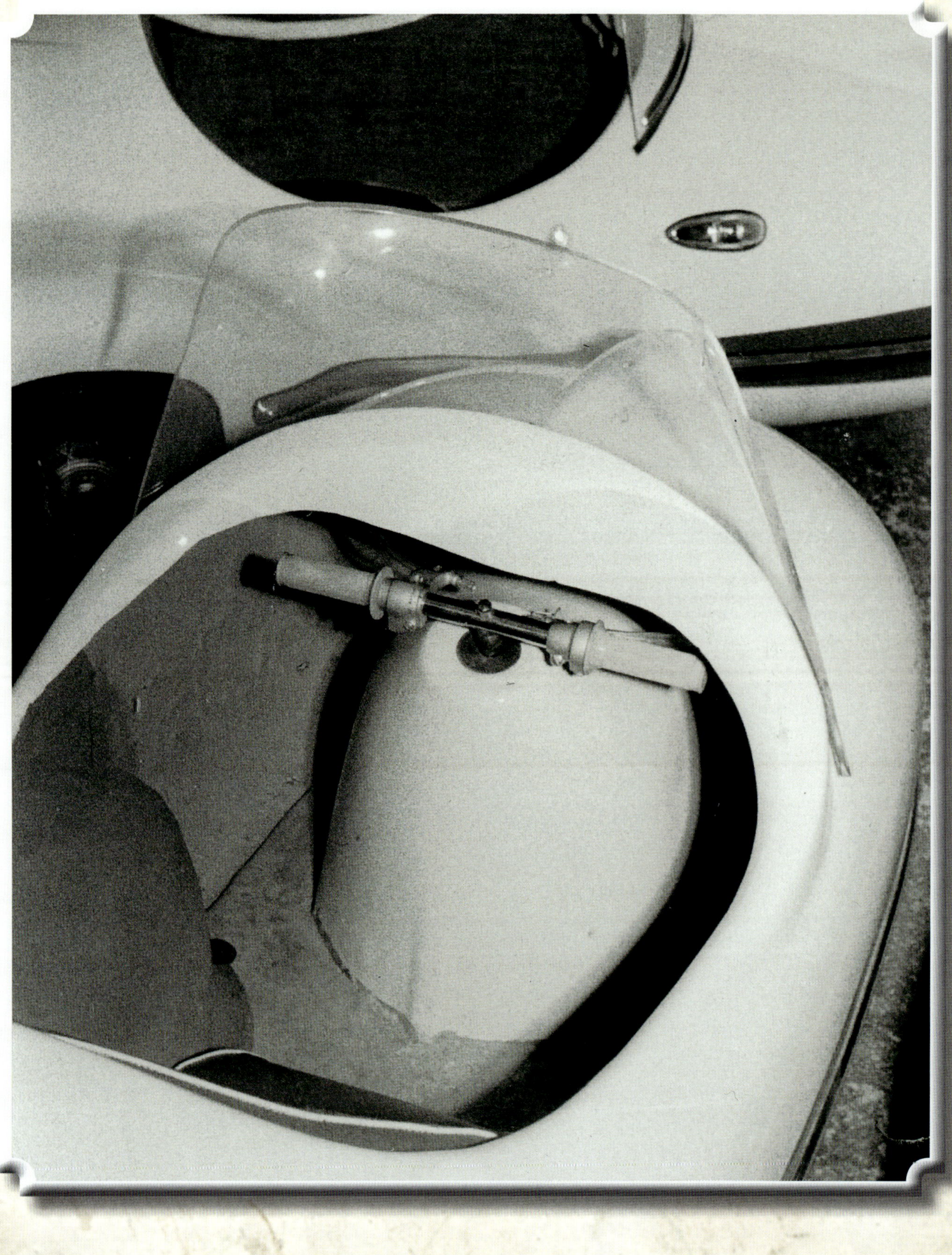

Dies Einspurauto, das ich vor Jahren fotografierte, fährt heute noch in alter Frische, meist fotografiertes Objekt bei einschlägigen Veranstaltungen. Die Mauser-Werke in Oberndorf am Neckar bauten es seit 1924 neben einem konventionellen 1,5 Liter-Automobil und gaben beide Typen 1927 auf. Mit dem Einspurauto versuchte sich noch bis 1929 die kleine Firma Winkler am gleichen Ort, das noch fahrbereite Exemplar gehört zur fortgeschrittensten Ausführung. Zwei Sitze hintereinander, Türen und Verdeck, Wasserkühlung für den Einzylindermotor mit wahlweise 500 oder 600 ccm, Spitze ca. 60-65 km/h, die Stützräder nur für Stand und langsame Fahrt bestimmt, aufholbar; es fährt, aber Schwerpunkt und Reaktionsfähigkeit bestätigen den Angstkomplex des Betrachters, und der mechanische Aufwand ist teuer ...

# Große Träume, kleine Wagen

Neue geistige Pfade zum kleinen Wagen führten zu vielen Enttäuschungen. Große Autos zu verkleinern, um dem kleinen Mann sein richtiges Auto zu bauen, brachte Erfolg. Auf der Linie Austin-Dixi usw. überdachte Fiat das Problem und stellte 1936 den 500 A vor, die kleine Maus genannt, Topolino; 570 ccm und 13 PS hatte er vor dem Krieg, er war nicht schnell und auch nicht unbedingt gesund, die Vierzylinder-Kurbelwelle nur zweifach gelagert, manche Teile auch am Fahrwerk recht zart. Doch man saß in einem richtigen Auto, das Vorkriegsmodell lief und lief noch lange neben dem Nachkriegs- Topolino, der 1948 durch einen neuen Zylinderkopf mit hängenden Ventilen (vorher seitlich stehend) auf 16 PS gebracht wurde (500 B) und 1949 die neue Karosserie bekam, mit der er bis 1955 gebaut wurde (500 C, in geringer Zahl läuft er noch heute). Ich kannte einen Mann, der nicht heiratete, weil er auf einen 500 C sparte (das Wirtschaftswunder war noch nicht ausgebrochen), und ich kannte einen Mann, der in einem 500 C Kombi »Giardiniera« (schön mit Holzleisten außen) auf Reisen einen kompletten Reservemotor mit sich führte, den er in kurzer Zeit einzubauen verstand. Nie sei er mit einem Auto so glücklich gewesen, erzählt er bis heute. Eine historische Rolle hat der kleine Fiat nicht nur für Fiat gespielt: Er setzte den Maßstab großer Wagen für die Konstruktion des kleinen. Gegen die Auffassung, mit wenig Geld solle man froh sein, daß man überhaupt fahren dürfe.

Der Gipfel aller Topolino-Träume war der Roadster, das netteste Auto der Vorkriegszeit, mit einem Hauch von Sport und viel mehr Spiel, 1939 vorgestellt und nicht viel gebaut, heute in Repliken auf Basis neuer kleiner Fiats nachempfunden. Die Karosserie regte zu Leistungserhöhung an. Für die mehr als zahme kleine Maschine mit den seitlichstehenden Ventilen gab es den Siata-Zylinderkopf mit hängenden Ventilen, und man konnte dem Motor mit VD-Kompressor Kraft einblasen. Bis zu 130 km/h sind die getrimmten Topolino gelaufen, selbstverständlich mit der Normalkarosserie schneller als mit flatterndem Roadster Verdeck, aber die Kurbelwelle musssich zwischen den Lagern gebogen haben, mit der Lebensdauer war es nicht weit her. Der Topolino war stets ein liebenswürdiges und nie sehr leistungsfähiges Auto, und am liebenswürdigsten war er als Roadster.

Der letzte Topolino Roadster, den ich sah, stand schön erhalten Mitte der Sechziger in Stuttgart Doch kein Erbarmen hilft, wenn der Rost von innen frisst. Wahrscheinlich ist das liebe Auto längst gestorben und verdorben, eingestampft und in neues Blech umgegossen worden.

Das genaue Gegenteil war dieses sehr private Auto. Es fuhr, ich sah es hoppeln; gefedert war es kaum. Man lächle nicht; es war sehr lieb erdacht und hat seinen Schöpfer in schlechten Zeiten bestimmt glücklich gemacht. Ich konnte nicht identifizieren, was druntersteckte; ein Dixi war es nicht.

# Große Träume, kleine Wagen

Dies aber war ein Serienwagen, jedenfalls wurde er als solcher angeboten. Staunau K 750 hieß er, 1950/1951 wurde er gebaut, nicht viel mehr als 100 Wagen. »Der schönste Kleinwagen« sei er, sagte der Prospekt, und »handgeschmiedet« sei er, rühmte ein Besitzer. Doch es war nur eine primitive Konstruktion, miserabel gefertigt. Der ungeheure Nachholbedarf der Nachkriegszeit hatte Illusionen sprießen lassen, aber die Gesetze industrieller Fertigung und Finanzierung konnte man nicht hinwegträumen, der Staunau und der Wendax und etliche andere Projekte blieben Kuriositäten, für die allerdings viel Lehrgeld gezahlt worden ist. Anlagemäßig ist auch der Staunau ein DKW-Epigone, mit Zweitaktmotor (von Ilo, 750 ccm und 25 PS) und Frontantrieb.

Mit der Hoffnung auf bessere Zeiten wuchs die Zahl der Projekte. Zeitungen und Zeitschriften waren voll von Prototypen, aber nur einige wenige wurden in Kleinserien gebaut. Kein neues Fabrikat hat sich halten können; sogar den meisten alten Marken gelang kein neuer Start. Dieser Typ, der Champion von 1948, war nett zum Verlieben, die Konstruktion mit Drehstab-Einzelradfederung, Zentralrohrrahmen und Motorrädern wirkte einfach und einleuchtend. Tatsächlich sind bis Anfang 1951 mehr als 300 Wagen gebaut worden, der 250-ccm-Motor von Triumph zuletzt in neuer Ausführung mit Doppelkolben. Aber viel mehr als 60 km/h waren doch nicht drin, die Federstäbe brachen gern, Wetterschutz fehlte. Man machte einen größeren Champion 400, der nach Zickzack-Kursen und Weiterentwicklungen schließlich als Maico 500 endete.

# Große Träume, kleine Wagen

Fast zehn Jahre liegen zwischen dem Entwurf des Champion 250 und dieser Eigenbau-Karosserie auf Basis des Kleinschnittger. Sie entspricht dem gleichen Vorstellungsbild vom netten kleinen Wagen. Oft endete die Mühe ohne Lohn: Man wurde nicht fertig oder der Aufbau wurde viel zu schwer, und die Zulassungsbehörden machten schließlich einen Strich durch manche Rechnung.

Ein Mini-Mini-Typ wurde populär, wenn auch mehr beachtet und betrachtet als gekauft: Der Kleinschnittger F 125, gebaut von 1950 bis 1954. Vorne ein 125-ccm-Motorradmotor, Einzylinder-Zweitakter mit 5,2 PS, drei Gänge, kein Rückwärtsgang, Kühlung durch Fahrtwind, kein Gebläse. Karosserie aus Aluminiumblech, so leicht wie möglich, in handwerklicher Herstellung einfach geformt. Federung mit Gummibändern, billigste Bereifung vom Typ »verstärkte Fahrradbereifung«, ein solcher Reifen kostete 9,60 DM, der Schlauch 2,05 DM. Steuer und Versicherung im Jahr 98,80 DM. Höchstgeschwindigkeit betrug 60 km/h.

Die Bastelfreude fing schon an, als man an Autos noch nicht denken konnte, das Seifenkistel für den Junior wurde zum sorgfältig konstruierten und modellierten Mini-Renner, und wer irgendwo einen Motor auftreiben konnte, war bald beim nächsten Schritt und baute sich sein Kleinfahrzeug.

Wenn Vater eine einschlägige Fabrik hatte, kam für den Sohn schließlich das Traumkistel heraus, dieses schon in besseren Zeiten: Es ist eine Goggomobil-Version.

Die Marke »Goggo« gab Hans Glas den Motorrollern und dem seit 1955 gebauten Kleinstwagen nach dem Spitznamen seines Enkels, der dies ganz besondere Goggomobil bekam, beneidet von Erwachsenen, die sich so etwas durchaus als Serienversion gewünscht hätten. Glas hat auch mit dem Gedanken gespielt, aber für lange Beine und schlechtes Wetter ging es so doch nicht, es blieb beim Spielauto.

# Große Träume, kleine Wagen

Die Bilder beweisen, dass der Kleinschnittger nicht nur dem Wirtschaftswunder zum Opfer gefallen ist: Die lieben kleinen Roadster sind schlimm bei schlechtem Wetter. Zahllose Bastelkonstruktionen entstanden, eine wahre Wissenschaft. Fürs Ein- und Aussteigen bei geschlossenem Verdeck war Akrobatik nötig, sogar bei hohen Türen bis ins Dach. Bei geschlossenem Aufbau beschlugen die Fenster, beim Durchlüften drang auch Nässe ein, und man saß tief in den Wasserwirbelwolken der Lastzüge und fürchtete sich. Mit einem größeren Fahrzeug aber wurde die ganze Kleinschnittger-Idee hinfällig. Prototypen wurden entwickelt, aber die Firma konnte sich nicht halten.

Dass zwischen Zweirad und Auto ein Mittelweg gefunden werden müsste, ein Fahrzeug mit Wetterschutz und Raum für Eltern und zwei Kinder, mit einfachen technischen Elementen, mit Triebwerk von Motorrad oder Roller, war feste Uberzeugung in ganz Europa. Aber die großen Autowerke, die mehr oder minder früh starteten, blickten auf die Erfahrungen der Automobilgeschichte zurück und gingen vom richtigen Auto aus, zumindest im Erscheinungsbild. Kleinwagen großer Hersteller kamen den Wünschen und der steigenden Kaufkraft des Publikums entgegen, die Außenseiter kämpften hoffnungslos. 1958 wollte man diesen englischen Frisky für 3400 DM auf den deutschen Markt bringen, wo es längst einen Lloyd 600 ab 3468 DM, ein Goggomobil ab 3097 DM, einen Messerschmitt-Kabinenroller ab 2395 DM gab – und einen NSU Prinz ab 3739 DM.

# Große Träume, kleine Wagen

Das Rüstzeug war vorhanden, viele Eigenbauten waren musterhaft gebaut, doch der Zwang zum Kompromiss machte oft den Unterschied zwischen Konzept und Ergebnis deprimierend. Oft ging der Maßstab verloren; mit kleinen Mitteln versuchte man, dem Vorstellungsbild vom großen Auto gerecht zu werden. Meist haben die Schöpfer ihre Werke schnell verkauft, enttäuscht von der Realität, in zweiter Bastlerhand wurde manches noch gepflegt, bis Spott der Mitwelt und Kampf mit den bei Dauerbeanspruchung unausweichlichen mechanischen Problemen zum Ende führte.

Wenn man bequem sitzen soll, muss die Windschutzscheibe so hoch sein, die Dreiecksfenster an der Windschutzscheibe sicherten die unerlässliche Lüftung, aber schön sehen sie nicht aus, das Klappverdeck wirkt als Fremdkörper, und ein 250-ccm-Motorradmotor ergibt keinen Sportwagen. Sogar erfahrene Motorradfabriken haben die Entwicklungsprobleme eines Autos unterschätzt. Um wieviel schwerer war es, ein Fahrzeug selbst zu bauen, mit handwerklichen Mitteln! Lächeln wäre billig. Die Gefahr fehlender Kritik und Selbstkritik liegt nahe, wenn einer im stillen Kämmerlein baut.

# Große Träume, kleine Wagen

Ein richtiges Auto, auch wenn es noch so einfach ist, war der Traum von Millionen, als 1950 der Lloyd LP 300 erschien. Während DKW mit enttäuschend teuren und schweren Wagen neu begann, entsprach der Lloyd dem Wunsch nach einer Art von DKW in möglichst erschwinglicher Form. Zweizylinder-Zweitaktmotor (luftgekühlt), Frontantrieb! Vier Sitze, statt der misstrauenerweckenden kleinen Räder und der allzu schwachen Zweiradmotoren anderer Kleinstfahrzeugkonzepte gleich eine richtige Limousine – das war ein Volltreffer. Wenn bei den ältesten Leukoplastbombern nach ein paar Jahren das Vorderteil der Holzkarosserie absackte, schmierte man den aufgerissenen Spalt am vorderen Türpfosten mit Spachtelkitt zu. Das nächste Modell mit der breiten Haube hielt schon besser zusammen (unteres Bild, auf der Endstation als Pop-Auto vor mehr als 40 Jahren, schon damals hätte der TÜV eine Tür verlangt), und 1953 kam der LP 400 mit der endgültigen Karosserie, seit 1955 mit Viertaktmotor als LP 600 und später Alexander. Den knappen Gepäckraum durch Anbringen des Reserverads auf der Haube zu vergrößern, war eine sehr private Idee.

**Kennen** Sie den? Er gehört auch in die DKW-Familie, und das Glas im Dach war zeitweise serienmäßig: Beim Wartburg-Reise-Coupé, vorgestellt 1957 und auch bei uns auf dem Markt.

**Und** der hier? Es war ein angekündigter Serientyp, der aber nicht auf den Markt gelangte, denn die Firma konnte finanziell nicht durchhalten. Schon lange vor dem Krieg hatte sie einen Anlauf zum Automobilbau gemacht. Neben den schönen, meist rotlackierten Motorrädern englischen Stils, für die sie bekannt war, baute sie 1933 einen Kleinstwagen mit 500-ccm Zweizylinder- Zweitakt Heckmotor und Einzelradfederung, aber er passte nicht in die Tendenz der Zeit und wurde bald zum Kleinstlieferwagen umkonstruiert. Nach dem Krieg wurde der Markenname Standard durch den Namen des Besitzers Gutbrod ersetzt, 1950 kam der Gutbrod Superior, sozusagen ein ins DKW-Rezept übersetzter Fiat Topolino. Der 700-ccm Motor der letzten beiden Baujahre war gegen Aufpreis mit Benzineinspritzung und Frischölschmierung lieferbar, 30 PS statt 26 PS. Den Sport-Prototyp habe ich damals erfreut auf der Straße entdeckt, nachdem er schon auf der IAA gezeigt worden war.

*F*ortschritt sah so aus: Der letzte neue Hanomag vor dem Krieg, der 1939 erschienene Typ Autobahn, im Stromlinienstil ähnlich VW. Selbsttragende Karosserie, Gummi-Einzelradfederung vorn (Querlenker in »Schwingmetall-Gummiblöcken« gelagert und gefedert), 1300-ccm Vierzylindermotor mit hängenden Ventilen, 32 PS bei 3600 U/min, durch große Kühlerfläche Vorsorge für Dauerbelastung auf der Autobahn. Durch aerodynamisch günstige Form und Gewichtseinsparung durch die selbsttragende Karosserie gute Fahrleistungen und Verbrauchsersparnis, Spitze 115 km/h, Durchschnittsverbrauch 10 bis 12 Liter auf 100 km. Es war einer der fortschrittlichsten Vorkriegswagen, nur die Übersichtlichkeit war vernachlässigt, das Armaturenbrett sehr hoch, die Windschutzscheibe klein, zwischen dicken Pfosten aufgeteilt. Dieser Hanomag war mein zweites Auto, 1955. Er war schon recht unbekannt, weil nur kurze Zeit gebaut; öfters wurde ich gefragt, ob es der Prototyp eines größeren VW sei, doch man fand ihn auch schon seltsam, weil er sehr hoch gebuckelt war und alle anderen Autos überragte.

**Irgendwo** an der Straße von Stuttgart nach Nürnberg stand er nach Jahren zum Verkauf, Überbleibsel einer fehlgeschlagenen Nachkriegshoffnung. Er war von Trippel gebaut, der sich als Konstrukteur des VW-Schwimmwagens im Krieg einen Namen gemacht hatte. Um 1948 hörte man wieder von Trippel. Neben einem Schwimmwagen-Prototyp entwickelte er einen Kleinstwagen, der fortschrittlich und sportlich sein sollte, mit einem 500-ccm-Viertakt-Boxermotor von Zündapp im Heck, eine Art von Mini-Porsche. Nach einem Prototyp, der nur auf der Fahrerseite eine Tür hatte, kam

1950 diese als serienreif vorgestellte Ausführung. Veröffentlichungen in der Fachpresse und der bekannte Name des Konstrukteurs erweckten hoffnungsvolles Interesse, aber die Produktion wäre zu teuer geworden.

# Große Träume, kleine Wagen

Schließlich biss nach Jahren ein Produzent an. Die Anhängerfabrik Weidner in Schwäbisch Hall wollte den Trippel-Wagen unter dem Namen »Condor« bauen. Wieder gab es Schlagzeilen und Interesse, aber die Zeit für Kleinproduktionen war längst vorüber. Die Firma Weidner merkte das rechtzeitig und gab den Plan auf. Etwa 7000 DM hätte der Condor kosten sollen; zu viel für den Markt und zu wenig für den Produzenten.

Trippel arbeitete weiter und entwickelte ein größeres Modell. Recht hübsch im Stil des Porsche, mit modischer Panoramascheibe, es gefiel den Leuten. Es sah nach Porsche aus, nach dem neuen Vorstellungsbild vom Sportwagen. Die drei Auspuffrohre gehörten zu einem 700-ccm Zweitakt-Dreizylindermotor, der von Heinkel für die Tempo-Kleinlieferwagen gebaut wurde, 700 ccm, 32 PS bei 4000 U/min.

 71

# Große Träume, kleine Wagen

Dies war ersehnt. Als Vorbote kommender Coupé Attraktionen kam im Schlepptau des 1955 erschienenen Fiat 600 das Viotti-Coupé und trug dazu bei, Eigenbauer grämlich auf ihre nicht so vollendet modellierten Wagen blicken zu lassen, andererseits regten solche Vorbilder noch letzte Eigenbauten an.

Neu-Ulm / Offenhausen.

## * KFZ. UND ANHÄNGER *

### Verkäufe

2 Liter Veritas-Rennsport, Baujahr 1949, in erstklassigem
Zustand, mit drei Übersetzungen und anderem Zubehör,
vollständig fahrfertig, wegen vorläufiger Aufgabe des
Rennsports sofort zu verkaufen. Angebote an Fritzgeorg
Martin, Rottweil a. N., Hochbrücktorstr. 20. 7135/558

2,3 Liter Mercedes-Benz, Baujahr 1936, vom Werk über-
holt, neu lackiert maronfarben, schwarze Kotflügel, sechs-
fach bereift, mit allen Schikanen, Haupttank ca. 120 L.,
Reservetank ca. 47 Liter, neue Batterie, neues Z.-R.-
Getriebe, außerdem kompl. Tauschmotor und verschie-
dene Ersatzteile preisgünstig gegen bar zu verkaufen.
Heinrich Fasig & Sohn, Sägewerk, Fuchsmühle/Lauch-
heim.

Horch-Cabriolet, 5 Liter, 120 PS, Baujahr 1938, bg./schw. 7127/557
lackiert, rotes Lederp., neues Verdeck; Adler-Diplomat,
2,9 Liter, 4/5 S. Cabriolet. Beide Fahrzeuge in guter,
fahrbereiter Verfassung, preiswert abzugeben. Standort
Frankfurt/M. Anfragen erbeten an Paul Cohn, Frank-
furt/M., Gutleutstr. 21, Tel. 33316.

Opel-Olympia, in gutem fahrbereitem Zustand, preiswert 7132/558
abzugeben. Peter Fuchs, Ransbach/Westerwald. 7139/558

Kleinst-Sport-Rennwagen, DKW, 500 ccm, Alum.-Kaross.,
DM 1900.—, verkauft: Duhr, Düsseldorf Birken-
straße 133.

Rassiger Sport-Zweisitzer Hanomag-Sturm 55 PS, Sport- 7147/559
maschine, 2.3 Liter, sechsfach bereift, rote Lederpolster,
schwarze Lackierung, mit neuem Blaupunkt-Radio, DM
5200.—, sofort zu verkaufen. Direktor Quatz, Städtische
Brauerei zu Göttingen.

Opel, 2 Liter, Limousine, generalüberholt, neu lackiert, 7150/559
neu gepolstert, neu bereift, für Anhänger besonders ge-
eignet, aus erster Hand zu verkaufen. Anfragen unter
Chiffre 3418 an DAS AUTO, (17b) Freiburg/Brsg. 7144/559

BMW-Renngespann, 750 ccm. Startfertig m. Hirafe, preis-
günstig nach Vereinbarung zu verkaufen. Hermann Häus-
ler, Hergensweiler/Allg., Telefon 66.

Gelegenheitskauf! BMW/R 75 mit Rückwärtsgang, Öl- 7136/558
druckbremse, viele Teile verchromt, mit schönem Spe-
zialseitenwagen und vielen Ersatzteilen, gegen Liebhaber-
höchstpreis sofort zu verkaufen oder gegen einen Klein-
wagen (bis 1000 ccm, jedoch kein Zweitakter) zu tau-
schen. Karl Werner, Fahr- und Motorräder, Kaisers-
lautern, Ludwigstr. 40.

BMW R 51/2, in Sportausführung, Prachtstück mit Renn- 7142/558
tank, Rennkissen, Vollnabenbremsen, Rillenreifen, viel
Chromteilen (Felgen, Federbeine usw.), eben eingefahren,
krankheitshalber zu verkaufen oder gegen Volkswagen
zu tauschen. Angebote unter Chiffre 3419 an DAS
AUTO, (17b) Freiburg/Brsg.

Zündapp KS 600, in bestem Zustand preisgünstig zu ver- 7145/559
kaufen. Karl Steudle, Schwenningen a. N., Espan-
straße 71. 7148/559

**100 PS 5 Ltr. HORCH**

8-sitzige Pullman-Limousine Baujahr 35,
44 000 km gelaufen, noch in erster Hand,
5-fach 7.00-17 neu bereift für 3 200.-DM
zu verkaufen.

Angebot unter Chiffre GR VIII/1507 an
„DAS AUTO", 17b Freiburg i./Br.

Großer Repräsentationswagen in sehr gutem Zust.!

**ORIGINAL-**

**DKW**

**ERSATZTEILE**

*verwenden*

Nur Original-DKW-Ersatzteile verbürgen Ihnen lange
Lebensdauer und volle Werterhaltung Ihres DKW-
Fahrzeugs. Bestehen Sie bei Reparaturen darauf,
daß keine anderen Ersatzteile eingebaut werden!

**AUTO UNION G·M·B·H**
**INGOLSTADT · DONAU**

Gesucht Kleinwagen, DKW, Volkswagen, Opel usw.
Preisofferten an Leppkes & Co., Krefeld, Violstr. 64,
Telefon 254 27.

Suche Sportzweisitzer in tadellosem Zustand, bis 1,5 L. 7120/557
Kein Zweitakter. Eilofferten an Bruckschlegel, Haslach/K.,
Zirkus Olympia.

Suche: Vomag-Wrack, 5 Liter, Kipper - Rahmen, zum 7130/557
Ausschlachten, evtl. genügt Rahmen allein. Friedrich
Bader jun., Eislingen/Fils.
7134/558

## * ZUBEHÖR U. ERSATZTEILE *

### Verkäufe

Verkaufe Opel-Motor, 2,5 Liter. Angebote unter Chiffre
3413 an DAS AUTO, (17b) Freiburg/Brsg. 7126/557

Zu verkaufen: 1 Junkers Dieselmotor, 4-Zylinder-Dop-
pelkolben, 125 PS, generalüberholt, mit Lichtmaschine
und Anlasser. Die Maschine ist nach der Überholung
nicht mehr gelaufen. — Diverse neue Ersatzteile für
Daimler-Benz-Diesel LKW-Typen, L. O. 2500 — 3000 —
3500 — OM 5. Offerten erbeten unter FT 1850 an An-
zeigen-Expedit. William Wilkens, Hamburg 36. 7140/558

**LACKIERERMEISTER, SATTLER**

erste Fachkräfte für Spezial-Karosserie-Fab
gesucht, außerdem kaufm. Angestellte f
die für den Posten eines Kalkulators u
sind. Es können nur Bewerber berücksic
men tätig waren. Gefl. Angebote unter Bei
Stellung von Gehaltsansprüchen erbeten a

**KARL DEUTSCH GMBH., Karosseriewerk, Kö**

Wechselget
Fahrschule

Suche: Zün
Zustand, Th

Zwei Reifen
zu kaufen g
serstraße 10

Suche 4 Spe
an Häderle,

Sportwagenka
Teile davon,
hof.

* V

Gut accrediti
Neustadt a. d
noch gute Ver
3414 an DAS

* VE

Kaufvertrag für
Ende Juli, Umst
ben. Angebot u
Freiburg/Brsg.

Auto-Reparaturw
Oberbayern von
gesucht. Angebo
(17b) Freiburg/B

Garagen und H
J. Fauser, Hall
(Württemberg).

Patente und Er
wertet Industri
burg.

Fertighausbau F
Teilzahlung üb

* STE

Kfz.-Meister (
Praxis, energis
der Kundschaft,
linksrhein. Kle
Übernahme geb
DAS AUTO (

Stück

# Neanders Fahrmaschinen

inen

dster

# Neanders Fahrmaschinen

Das denk- und merkwürdigste Fahrzeug, das mir in jenen Jahren vor die Kamera kam, war eine der unter Kennern viel gerühmten und doch ebenso geheimnisumwitterten Fahrmaschinen von Ernst Neumann-Neander, ein hervorragend erhaltenes und gepflegtes Exemplar der vollendetsten Ausführung von 1938. Ernst Neumann war ursprünglich Grafiker, eine genialische Figur im Kreis der Münchner Dichter, Maler, Bildhauer, Musiker und Architekten, die 1901 das geistvolle Schauerkabarett der »Elf Scharfrichter« gründeten, Frank Wedekind war einer von ihnen. Der Verleger Reinhard Piper erinnert sich: »Neumann war ein Vorkämpfer des Motorrads, das in jenen Jahren in München nur erst in vereinzelten Exemplaren aufgetaucht war. Eigentlich konnte sich nur ein ganz erfahrener Techniker mit solchem Vehikel einlassen, denn der Fahrer musste jeden Augenblick auf eine Panne gefasst sein. Ein solcher Techniker war nun eben Neumann... Damals fand eines der ersten internationalen Automobilrennen statt, das von Paris aus über die Schweiz nach Wien ging. Ein solches Ereignis aus nächster Nähe mitzuerleben, konnte sich Neumann unmöglich entgehen lassen, und er hätte mich ...

für einen Verräter am Geiste der Zeit erklärt hätte ich mich davon ausgeschlossen.. Das Geknatter der Automobile versetzte Neumann in Ekstase, und mitten durch den Lärm schrie er mir ins Ohr: ‚Und da sind Sie Buchhändler!'...« Neumann befasste sich mehr und mehr aktiv mit der Motorradtechnik, baute seit 1923 eigene Maschinen unter der Marke Neander und entwickelte Fahrgestelle für verschiedene Fabrikate. Er ging ganz neue Wege mit niedrigen Schalensitzen, Pressrahmen, mattglänzender Cadmiumschicht Lackierung. Das imposante silberglänzende Motorrad, das Opel 1928 bis 1930 baute, hat Ernst Neumann konstruiert, der sich inzwischen Neumann-Neander nannte. Seit 1929 befasste er sich mehr und mehr mit dem Gedanken, ein Fahrzeug zwischen Motorrad und Automobil zu schaffen. Um die Mitte der dreißiger Jahre gewann seine Fahrmaschine endgültige Form mit starkem Motorradmotor vor der Vorderachse, schmaler Spur

mit zwei Sitzen hintereinander, Karosserieschalen aus Pressmaterial, Einzelradfederung in elastischer Lagerung mit Schwingungsdämpfung auch in der Horizontalen; das Fahrzeug kam tatsächlich der Idee eines viersitzigen...

Motorrades mit eigenen fahrtechnischen Qualitäten näher als jeder andere Versuch in der Geschichte des Kraftfahrzeugs. In Aufsätzen vertrat Neumann eine Ideologie der Fahrmaschine. Die Automobile seien dem Menschen nicht wirklich angepasst, seine Fahrmaschine als Bewegungsinstrument stellte er dem passiven Fahren im Auto gegenüber, die Karosserie war für ihn ein eng angepasstes, auch die Mechanik umfassendes Kleidungsstück; typisch, wie die kleine Windschutzscheibe für den Mitfahrer am Kopf des Fahrers anschließt. Neumann-Neander, dessen Doppelnamen man im Kennerkreis auf N$^2$ verkürzte, nahm viele fahrpsychologische Überlegungen vorweg, die später beherzigt worden sind, ebenso wie seine prinzipiellen Überlegungen zur Schwingungsdämpfung, aber seine Überlegungen zur Fahrmaschine als Volksfahrzeug blieben ohne Echo; die Verständnislosigkeit hat er mit Bitterkeit empfunden. Aber im Sport waren die starken Fahrmaschinen der letzten Ausführungen vor dem Krieg so erfolgreich, dass die Entwicklung in normalen Zeiten bestimmt weitergeführt worden wäre.

$N^2$ starb 1954 im Alter von 83 Jahren, nachdem er noch eine Fahrmaschine gebaut hatte, die sich wie ein Motorrad in die Kurve legte, einen »Kurvenneiger« – Die fortgeschrittensten Fahrmaschinen waren mit Jap-Zweizylinder-V-Motoren ausgerüstet, die mehr zivile Version mit 1100 ccm und 45 bis 50 PS, die besonders schnelle mit dem 1000-ccm-Racing-Jap, bis zu 70 PS. Das Fahren war ein Erlebnis, das nur mit dem Fliegen in einem offenen Sportflugzeug vergleichbar ist. Beschleunigung 0-60 km/h in 6 sec, 0-100 km/h in 20 sec, viel Anspruch an Muskelkraft fürs Kurvenfahren, ein Fahrzeug nicht von dieser Welt, aber spursicher wie an der Schnur und von Kilometer zu Kilometer mehr im Griff. Es ist herausfordernd, kann tatsächlich die Fahrerpersönlichkeit entwickeln, wie $N^2$ es damals wollte, und mit heutigen Mitteln der Federungstechnik, hydraulischer Lenkhilfe und einem fortschrittlichen Triebwerk wäre eine Weiterentwicklung wenigstens theoretisch reizvoll. Nur war es ein absolut auf den Fahrer konzentriertes Instrument, für Sozius oder Sozia mehr als spartanisch. Übrigens erforderte das Abnehmen der Schalenteile für die Fotos nur ein paar Handgriffe ohne Werkzeug!

# Fahrzeug-träume letzter Hand

AW 56 - 0311

# Fahrzeugträume letzter Hand

**Geliebt** und gepflegt bis in die sechziger Jahre, noch heute bewundertes Glanzstück bei Sammlern und Museen, eines der schönsten Autos der Automobilgeschichte, Form und Technik in vollendetem Einklang: Der BMW 327, gebaut von 1937 bis 1939, 1952 bis 1955 fast unverändert neu gebaut beim IFA-Werk in Eisenach als EMW 327. Er war kein Renner, der Zweilitermotor leistete 55 PS, beim EMW 60 PS, Spitze ca. 125 km/h. Aber vor dem Krieg war das sehr viel, und es stand nicht nur auf dem Papier. Bis auf 72 PS wurde der Sechszylindermotor für die Nachkriegs BMW-Limousinen weiterentwickelt, Liebhaber scheuten die Kosten nicht, die neue Maschine in den 327 einzubauen. 1939 gab es den 327 auch als 327/328 mit dem 80-PS Motor des Roadsters 328.

Coupés waren selten vor dem Krieg. Klassischer Sportwagen war der Roadster mit einfachem Klappverdeck ohne feste Seitenscheiben. Aber mit den Autobahnen kam das wirklich schnelle Fahren über längere Strecken, die Klappverdecke blieben oft geschlossen. Zur Stromlinien-Zukunft gehörte das feste Dach, aber auf Wagen mit klassischen Linien empfand man es noch als Fremdkörper. Dieses 327-Coupé ist das einzige, das ich je gesehen habe. Details ließ man sich Mühe und Geld kosten, so bei diesem Wagen Rudge-Schnellverschlußnaben, einmodellierte Rückleuchten und eine eingepasste Stoßstange fremder Herkunft.

# Fahrzeugträume letzter Hand

**Limousinen** und Cabrios der BMW-320-Reihe waren höher gebaut und deshalb längst nicht so elegant wie der 327, trotz stilistischer Übereinstimmung. Auf dem gleichen Radstand wie der 327 hatte das 320-Cabrio vier Sitze, die Straßenlage durch den höheren Schwerpunkt wenig beeinträchtigt, der schöne Sechszylindermotor mit nur 45 PS bei 3750 U/min besonders laufruhig.

**Dass** die Schönheit des 327 vor allem in den Proportionen liegt, beweist im Vergleich dieses Cabrio mit höherer Karosserie auf dem kurzen Fahrwerk des Zwischentyps 329, eine Sonderanfertigung. 1955 war es noch ein Sonderangebot eines BMW-Händlers, anscheinend ein paar Jahre vorher völlig neu aufgearbeitet. Fast unverständlich ist übrigens für uns heute, wie man sich mit der schlechten Übersichtlichkeit abfinden konnte: hohe Gürtellinie, kleine Windschutzscheibe, dicke Pfosten und nur ein Sehschlitz nach hinten.

Von allen alten BMW habe ich diesen am heißesten geliebt, obwohl er mir nicht gehörte - oder grade drum. Ein Traumwagen, den es nie in Serie gab: Ein echter 328, aber als alltagsbrauchbares Coupé karossiert. Der Aufbau war bestimmt recht schwergewichtig und wird Beschleunigung wie Straßenlage nicht verbessert haben, aber wenn ich mir ein Auto aus diesem Buch vors Haus zaubern könnte: diesen würde ich wählen. Nach Jahr und Tag sah ich das einzigartige Stück mal wieder, gepflegt und neu lackiert, unteres Bild.

# Fahrzeugträume letzter Hand

Dies ist er, der BMW 328, Deutschlands berühmtester und erfolgreichster Vorkriegs-Sportwagen, eine einmalig glückliche Konstruktion. Der Zweilitermotor hat drei Vergaser, halbkugelige Verbrennungsräume mit im V hängenden Ventilen, mit nur einer Nockenwelle über Kipphebel angetrieben, eine vielbewunderte Konstruktion von Fiedler. Leistung 80 PS bei 4500 U/min, Verdichtung nur 7,5 (damals für die Serie ein Maximum wegen der Oktanzahlen), Wagengewicht nur 780 kg, Radstand 2400 mm. 150 km/h lief der serienmäßige 328, Motorenfriseure zauberten mehr und viel mehr hinein, aber es gab ohnehin kaum einen gleichwertigen und vor allem ebenso gesunden Gegner, und bei ersten Rennsportstarts nach dem Krieg war der 328 ein unschlagbarer Favorit, er wurde variiert und weiterentwickelt, besonders erfolgreich in Gestalt des Veritas. Dies besonders schöne Exemplar gehörte dem Filmstar Horst Buchholz.

Nicht sehr selten sah man in den fünfziger Jahren das Vorläufermodell des 328, erschienen 1934 als Typ 315/1 mit 1,5-Liter Sechszylindermotor, 40 PS bei 4000 U/min, Spitze ca. 125 km/h, seit 1936 als Typ 319/1 mit 1,9 Liter, 55 PS bei 4000 U/min, Spitze um 140 km/h. 1929 hatte BMW überhaupt erst mit dem Automobilbau begonnen, durch Übernahme des in Austin-Lizenz gebauten Dixi. Der erste BMW-Sechszylinder kam 1933; viel Motor auf einem kurzen Fahrwerk, das für Zweisitzer gerade richtig war, aber ohne verlängerten Radstand auch für die unproportionierten Viersitzer diente. Bei den Bildern zeigt der obere Wagen den hundertprozentigen Serienzustand: Scheibenräder, keine Stoßstangen.

Reizvolle Roadster zu bauen, wenn man Spaß daran hatte (und man hatte viel Spaß daran!), war vor dem Krieg technisch nicht schwer, denn die alten Autos hatten tragende Rahmen. Dass meist die Karosserie sportlicher war als die Motorleistung, störte damals so wenig wie heute, und während die Limousinen und Cabrios im Krieg und Nachkrieg verschlissen wurden, rollten die Roadster noch lange. Wie dieser irgendwann und irgendwo privat karossierte BMW 3/20, Baujahr 1931 bis 1933, Spitze ca. 80 km/h. Die Karosserie ist am Vorbild des 315/319 orientiert, wahrscheinlich um 1936 gebaut.

Das ist der originale BMW 3/20; dies vollkommen serienmäßig erhaltene Cabrio hat hoffentlich Platz in einem Museum gefunden. Der Besitzer ließ mich fahren, als ich es fotografierte, und ich lernte original kennen, was man 25 Jahre vorher nicht so wichtig genommen hatte: Für unsere Begriffe unglaublich unstabile Vorderradführung und erschreckend schlechte Bremsen.

Die letzten BMW 328 auf unseren Straßen waren stark angestoßen, wie dieser hier sichtlich in letzter Hand. Hoffentlich die vorletzte: Bei uns war man damals noch nicht so recht bei Kasse; ausländische Sammler kauften die Wagen, eine historische Rettungsaktion. Wahrscheinlich gibt es in der Schweiz mehr gut erhaltene klassische BMW als in Deutschland.

Das berühmte Vorbild gab Anstoß zu vielen bastlerischen Repliken, die in bescheideneren Jahren nicht weniger bewundert wurden als das Original. So dieser abenteuerliche Roadster mit den schnellen Höckern, den vier Auspuffrohren und mit den Riemen, die als Hauben-Schnellverschluss viele klassische Sportwagen geziert hatten, zuletzt den BMW 328, nach dem dies Auto modelliert wurde. Es ist aber kein BMW und trotz der racingmäßig angebohrten Opel-Hinterräder (vom P 4, 4,50-17) kein Opel, sondern ein Adler Trumpf Junior, wenn ich mich recht erinnere. Doch was drinnen steckte, geht niemand mehr was an; dies Auto war Objekt freudigen Stolzes und hat mehr Eindruck gemacht als vieles, was man sich heute teuer kaufen kann.

# Fahrzeugträume letzter Hand

Nur bis 1931 ist der originale 3/15 gebaut worden, dann machte BMW den 3/20 daraus, und um so mehr wurde das kleine Anfangsmodell zum Liebhabertyp. Zwar kann man bis heute noch originale Dixi und BMW 3/15 auf Veteranen-Rallyes treffen, aber häufiger als bei jedem anderen Typ sind Eigenbau-Karosserien auf das Fahrwerk gesetzt worden, seit 1937 meist inspiriert vom BMW 328. Die Karosseriefirma Ihle bot fertige Umbaukarosserien im 328-Stil an. Der Wagen, der auf dieser Seite abgebildet ist, erinnert an eine Rennsport-Variante des 328 von Neumeier-Busenbach, der weiße Wagen hat wohl die Karosserie von Ihle oder ist ein sehr ähnlicher Eigenbau.

BMW war mit einem Paukenschlag in den Automobilbau eingestiegen. Renommiert durch die klassisch unverwechselbaren Motorräder, ein großer Name im Motorradsport, dazu nun mitten in der Wirtschaftskrise der Traum des kleinen Mannes: Ein richtiges Auto, aber ganz klein und recht billig. Der Name Dixi des Eisenacher Werks, das mitsamt der Lizenz des Austin Seven von BMW übernommen worden war, blieb an dem kleinen Wagen haften, aber offiziell hieß er BMW 3/15 PS, nämlich 3 Steuer-PS und 15 richtige, und er wurde für die Serie nach dem Muster des französischen Austin-Lizenz-Fabrikats Rosengart abgeändert. Die kleinen Wagen traten gleich eifrig im Sport auf, 1931 kam ein Roadster »Wartburg« mit Aluminium-Karosserie, für den der 750-ccm-Motor (seitlich stehende Ventile) auf 18 PS gebracht wurde. Der Wartburg war rar. Alle »Dixi-Sport«, die ich fotografiert habe, haben ihr Dasein als Limousinen oder Cabrios begonnen und sind später neu karossiert worden, meist deutlich nach dem Muster des 315/1, 319/1 und 328.

# Fahrzeugträum

Bei allem Patriotismus: der reizvollste Typ in der ganzen Austin/Dixi etc. Geschichte war doch der originale Austin-Seven Roadster. Der Wagen auf dem oberen Bild ist offenbar ein BMW 3/15, der nach dem Vorbild des Austin karossiert wurde, der Wagen darunter ist ein Original-Austin Seven.

In memoriam: So sieht ein echter Dixi-Kühler aus, genau dem Austin-Kühler nachgeformt. Und daneben ein Blick in eine BMW-3/15-Limousine. Der schwere Aufbau im Rolls-Royce-Stil war zuviel fürs kurze Fahrwerk und leitete die Vergrößerung ein, die in wenigen Jahren zu Zweiliterwagen führte. Um so erstaunlicher ist es, dass die alten Wagen trotz mancher von jeher bekannter Mängel und Tücken erst nach 30 Jahren buchstäblich durch die Behörden aus dem Verkehr hinausgeprüft werden mussten, erstaunlich auch die Lösung von Ersatzteilnöten bis in neueste Zeit. Es war wirklich Liebe, die das kleine Auto so lange leben ließ.

Die Nachkriegszeit brachte neue Ideale für Stil und Form, aber man konnte die Traumwagen nicht kaufen. Da fing schon in Hungerzeiten mancher mit Blech und Hammer an, sich sein Auto selbst zu formen. Energieleistungen sondergleichen sind damals vollbracht worden, oft allerdings mit deprimierendem Kontrast zwischen Traum und Wirklichkeit. Was hat er wohl gewogen, dieser Berg von dickem Blech auf dem Fahrgestell des BMW 319? 1956 stand der Eigenbau zum Verkauf, Einzelheiten noch unvollendet. Er wirkte damals schon monströs, doch man decke mal das untere Foto so ab, dass man nur noch das Vorderteil des Wagens bis zum Mittelpfosten der Windschutzscheibe sieht: Da ist formvollendet nachempfunden, was Anfang der fünfziger Jahre auf Automobilsalons Furore machte.

Trotz Zerstörungen und Beschlagnahmen in Krieg und Nachkriegszeit hatten doch einzelne alte Wagen still irgendwo aufbewahrt gestanden; manchmal bemerkten erst staunende Erben, dass Opa sein altes Auto noch in der Garage gehabt hatte oder beim Bauern unterm Heu. Frühe Funde gelangten in den Gebrauchtwagenhandel und wurden bald verschlissen, die meisten sind verschollen. Etwa 1957 stand dieser Wanderer W 10 zum Verkauf, vollkommen im Originalzustand. Interessant zum Erinnern: Man saß bequem, aber sehr hoch, der Boden auf dem Kastenrahmen aufgelegt. Schwer war das Auto, wie ein heutiger Mercedes, aber motorisiert mit nur 1,55 Liter Hubraum, 30 PS bei 3000 U/min. Spitze 85 bis 90 km/h, Reisegeschwindigkeit 75 km/h. Guter Komfort, aber bei der Probefahrt standen uns die Haare zu Berge: Opas Bremsen waren die schlechtesten. Fürs Rangieren brauchte man Muskeln, das Temperament ist lahm wie bei einem Lastwagen, und der Verbrauch hoch, um 16 Liter.

Mit der viel gerühmten Geräumigkeit der hohen alten Wagen war es in Wirklichkeit doch nicht so weit her. Es gab keinen Gepäckraum, der Wanderer hatte eine Brücke für Koffer zwischen Rückwand und Reserverad draußen. Angebauter Gepäckraum kam um die gleiche Zeit auf, aber reichliches Gepäck musste man aufs Dach laden oder auf größere Gepäckträger am Heck, zur Not wurden auch die Kotflügel mitbenutzt. Der Rücksitzpassagier saß auf der Hinterachse, wo man die Fahrbahnstöße am stärksten spürt, und die Karosserien waren recht schmal. Es war eine jahrzehntelang kaum veränderte Standardbauweise, der man keine Träne nachzuweinen braucht.

# Fahrzeugträume letzter Hand

Bequem war vieles, kleine Raffinessen gab es schon genug, so diese Lüftungsfenster, und einen argen Schrecken versetzte uns beim Probefahren ein plötzlich herunterfallender Antiblendvorhang über der Windschutzscheibe, die üblicherweise ausstellbar war, man fuhr ja nicht schnell.

Viele alte Wagen und gerade die Wanderer hatten besonders schön gezeichnete Motoren. Die W 10-Maschine war für die Zeit fortschrittlich und leistungsfähig, kopfgesteuert (hängende Ventile) im Gegensatz zur vorherrschenden Bauweise mit seitlich stehenden Ventilen. Tank über dem Motor war damals vielfach üblich, trotz der Brandgefahr bei Unfällen. Man ersparte sich so die noch anfällige Kraftstoffpumpe.

Auf Autofriedhöfen konnte man noch historische Raritäten entdecken. So diesen Bugatti Typ 37 A, Baujahr 1928, einst ein berühmtes Renn- und Rennsportmodell, jetzt unbeachtet unter einem Haufen alter Bleche begraben. »Keiner will ihn haben, aber so etwas verschrottet man doch nicht«, sagte der Autoverwertungschef, ich kaufte das Wrack für 300 DM. Statt des Bugatti-Motors mit obenliegender Nockenwelle, aus dessen 1,5 Liter Hubraum beim 37 A mit Kompressor 90 PS herausgeholt wurden, garantierte Spitze 186 km/h (110 mph), steckte nun der Motor eines Vorkriegs-Peugeot drin, der Fallstromvergaser ragte aus der Haube, mit einer Hutze abgedeckt. Vorher war der alte Renner sogar kümmerlich mit einem kleinen DKW-Motor betrieben worden.

# Fahrzeugträume letzter Hand

Bei Bugatti war Automobilbau zur Kunst erhoben. Der Meister, Sohn eines italienischen Bildhauers, arbeitete und lebte im Stil eines künstlerischen Grandseigneurs, Ruhm und Erfolg seiner Wagen beruhten nicht zuletzt auf der Harmonie von Stil und Technik. Der Blick aufs Cockpit des Wracks zeigt die ausgewogene Modellierung der Aluminiumkarosserie, und am Fahrwerk war kompromisslos bestes Material verwendet worden. Die Bugatti-Sporterfolge beruhten von jeher auf solidem Leichtbau. Die große Öffnung in der Mitte des Armaturenbretts enthielt einstmals den Magneten, der von der obenliegenden Nockenwelle angetrieben wurde.

Zur Zeit des Typs 37 und des 2-Liter-Achtzylinder Typs 35 fuhr man mit solchen Wagen noch auf der Straße zum Rennen und mit dem Rennsportwagen im Alltag, ein besonderer Sport für harte Männer mit Geld, auch steckte man die scharfen Maschinen gern in die ziviler karossierten Bugatti. Das machte ich umgekehrt, der Peugeot-Motor reichte für gut 130 km/h, und nach Abkratzen dicker Schichten alten Lacks und noch viel Arbeit war aus dem Wrack ein fahrbereites Auto geworden. Doch eine Sehenswürdigkeit in Gang zu halten, ist ein abendfüllender Nebenberuf. Manches erhaltungswürdige alte Auto, das man in den fünfziger Jahren noch auf der Straße sah, ist schließlich doch erneut verkommen und auf dem Schrott gelandet. Oder in den USA, wo es ein etabliertes Hobby war, solche Wagen zu restaurieren.

Mein Bugatti blieb in Deutschland. Wolfgang Schmarbeck vom Deutschen Bugatti-Club hat ihn übernommen und eine originalgetreue Tourenversion daraus gemacht, auf vielen Langstreckenfahrten bei Club- und Veteranen-Rallyes bewährt, ein Stück Lebensinhalt seines Eigners.

Es kam in den fünfziger Jahren noch vor, wenn auch nur selten, dass mal eine historische Kostbarkeit auf dem Hotelparkplatz stand. So dieser Bugatti Typ 57, eine »Ventoux-Limousine«, Baujahr 1937/38. Der 3,3-Liter-Achtzylindermotor hatte doppelte obenliegende Nockenwellen, Leistung ca. 130 PS, Spitze ca. 150 km/h. Der Typ 57 wurde mit zahlreichen größtenteils sportlichen Karosserien gebaut, es war einer der vollendetsten Typen aus der Edelfabrikation des berühmten Ettore Bugatti, dessen Renn-, Sport- und Luxuswagen in den zwanziger und dreißiger Jahren legendären Ruf hatten. Schnellste Versionen des Typ 57 hatten mit Kompressor 210 PS und liefen ca. 215 km/h.

Nach dem aufregenden unkonventionellen Fahrzeug der aufregendste aller klassischen Sportwagen. Eines Tages stand ich unversehens vor ihm, fern der Heimat war er mit Motorschaden in einer Werkstatt gestrandet: Ein Alfa Romeo »1750«. 1968 ist die historisch berühmte, dem Hubraum entsprechende Typbezeichnung für 1800-ccm-Modelle wieder aufgegriffen worden, ein Beweis für den unvergessenen Ruf des Sportwagens, den Vittorio Jano 1929 entwickelt hatte. Zagato baut seit 1965 eine Replik der Karosserie auf Giulia-Basis, angeregt von der italienischen Fachzeitschrift Quattroruote und nach ihr benannt, Gran Sport Quattroruote.

Aber der Wagen, den ich vor Jahrzehnten in Stuttgart fotografierte, ist original, durch keine Replik wiederholbar. Bis 1934 ist der 6 C 1750 (Alfa setzte die Zylinderzahl vor die Typbezeichnung) gebaut worden. Nach den Steuer/Brems PS wurde er auch als 17/95 bezeichnet oder, im Gegensatz zu zivilen Versionen der 1750-Reihe, 1750 SS. Günstigste halbkugelige Brennraumform durch zwei Ventilreihen in V-Anordnung, zwei obenliegende Nockenwellen, Roots-Kompressor, fünffach gelagerte Kurbelwelle mit Gegengewichten, Serienleistung anfangs ca. 70 PS, Spitze ca. 145 km/h, später 80 bis 90 PS und mehr, Serienspitze ca. 160 km/h. Seinen besonderen Ruf errang der 1750 durch die Harmonie von Fahreigenschaften, Leistung und Erscheinungsbild, ganz so wie später der BMW 328. Wie der BMW, so war der 1750 im Sport auf Anhieb enorm erfolgreich. 1929 gewann er sämtliche Rennen, in denen er startete, unter anderem die Mille Miglia.

# Fahrzeugträume letzter Hand

Hoffentlich hat ein Amerikaner mit historischem Verstand ihn gekauft, diesen Lancia »Lambda« der achten Serie 1928 bis 1932. Dies Exemplar, wahrscheinlich Baujahr 1929, stand Mitte der Fünfziger auf einem Gebrauchtwagenplatz in Kaiserslautern. Kein Serienwagen ist wohl jemals seiner Zeit technisch weiter voraus gewesen als der ursprüngliche Lancia Lambda, 1918 konzipiert und seit 1922 gebaut. Selbsttragender Fahrwerkskörper in Schalenbauweise, Teleskop-Vorderradfederung mit Schraubenfedern, ungewöhnlich langer Radstand von 3,1 Metern, Einheitskarosserie als offener Tourenwagen, später mit abnehmbarem Limousinenaufsatz lieferbar. Das ungewöhnliche Auto zeichnete sich durch gute Straßenlage und Zuverlässigkeit aus, aber die Standardkarosserie genügte auf die Dauer nicht den Käuferwünschen, 1928 gab Lancia die selbsttragende Bauweise auf und ging zu Kastenrahmen über; das ist nach weniger auffälligen früheren Änderungen die achte Serie, zu der dieser Wagen gehört.

Beibehalten hat Lancia bei der Weiterentwicklung die Teleskop-Vorderradführung wie auch die eigenartige Motorbauweise. Es war ein V-Vierzylinder mit oben liegender Nockenwelle, das V ungewöhnlich spitzwinkelig (22 Grad), gerade genug für den Ansaugkanal zwischen den Zylindern, Vergaser hinter dem Motor. Eine schöne symmetrische Lösung, vielleicht bewußt auf Ansaugvorwärmung angelegt und günstig auch für den Ventilantrieb; der durch die V-Anordnung bedingte rauhe Lauf wurde durch beträchtliche Schwungmassen besänftigt. Die eckige Ansaugkanalführung erlaubte nur mäßige Leistungserhöhung, aber es war ein robuster Motor, und der ursprüngliche Lambda mit der Einheitskarosserie wog nur ca. 760 kg. Er hatte 2,1 Liter Hubraum und 48 PS bei 3000 U/min, mit 115 bis 120 km/h gehörte er zu den schnellen Tourenwagen. Für die siebte Serie wurde der Motor auf 2,3 Liter Hubraum gebracht, für die achte Serie, also den abgebildeten Wagen, auf 2,5 Liter.

Mancher prächtige Luxuswagen überlebte die schlechten Zeiten, weil er wegen des hohen Benzinverbrauchs stillgelegt wurde, doch aber sichtlich zu schade war, um verschrottet oder zum Behelfslastwagen umgebaut zu werden. Die Hubraumsteuer kostete aber vielen großen Wagen das Leben, und die Hoffnung, ein schönes Herrenfahrer-Cabrio in besseren Zeiten wieder zu betreiben, scheiterte schließlich oft am vergeblichen Bemühen, die Alterung aufzuhalten und Ersatzteile zu finden. Wenn sogar der Kaiser von Japan seinen alten Mercedes aus solchen Gründen aufgibt. Nicht wenige historisch wertvolle Wagen sind abgewrackt worden oder rettungslos verkommen, ehe sich herumsprach, dass ausländische Sammler sich dafür interessierten und gut zahlten. Wer clever war, konnte Spekulationsgewinne erzielen. Ein Händler kaufte 1955 einen Kompressor-Mercedes für 3500 DM (schon ein Liebhaberpreis), verkaufte ihn für 10000 DM an einen Schweizer, der zwar zahlte, den Wagen aber zunächst stehenließ, für Standgebühr. Dann kam ein Amerikaner mit Kaufvertrag und holte das Auto ab. Was er bezahlt habe, fragte der Händler interessehalber.

10 000 Dollar, sagte der Amerikaner. Der Händler hätte fast geweint. Das war aber nicht dieser Mercedes 380. Er ist technisch interessant, der erste große Mercedes mit Einzelradfederung, dabei richtungweisend als erster Typ mit doppelten Querlenkern und Schraubenfedern und als zweites Mercedes-Modell mit Pendel-Hinterachse nach dem 170/6. Dieser Typ 380 ist 1933/ 34 gebaut worden, die Typbezeichnung ist vom Hubraum abgeleitet: 3,8 Liter, Motorleistung ohne Kompressor 90 PS, mit Kompressor 120 PS, jeweils bei 3200 U/min. Den Roots-Kompressor schaltete man mit Kickdown ein. Viel Aufwand und Verbrauch für die Spitze von 130 km/h, wenngleich man mit dem fortschrittlichen Fahrwerk schneller fahren konnte als mit den konventionellen Starrachsern. 1934 vergrößerte Mercedes den 380 zum 500 K mit 100/160 PS, 1936 zum 540 K mit 115/180 PS. Filmstar Marika Rökk fuhr einen 540 K-Roadster, und 1938 bekam der große 7,7-Liter-Mercedes, in dem die Größen von Politik und Partei sich chauffieren ließen, ein entsprechendes neues Fahrwerk.

# Fahrzeugträume letzter Hand

Neben den Spitzenmodellen von Mercedes war vor dem Krieg die Marke Maybach das exklusive Spitzenfabrikat, berühmt für technische Qualität. Es waren durchweg große und sehr große Wagen, größter war der Typ Maybach Zeppelin (OS 8), von 1931 bis zum Kriegsausbruch 1939 gebaut. Die wenigen Wagen, die den Krieg überstanden hatten (viele waren es nie), tauchten bei Behörden und frühreichen Industriellen auf. Der abgebildete Wagen wurde neu karossiert. Maybach hatte bei den großen Typen ohnehin nur das Fahrgestell mit dem schweren Kastenrahmen geliefert, die Karosserien wurden nach Kundenwunsch gebaut. Der Zwölfzylinder-Motor hatte 8 Liter Hubraum und leistete 200 PS bei 3000 U/min, der 3,3 Tonnen schwere Wagen lief ca. 160 km/h, mit leichteren Karosserien bis 190 km/h, Kraftstoffverbrauch 28-30 Liter/100 km.

Die Amerikaner weilen unter uns, doch ihre großen Kreuzer passen nicht auf unsere Straßen. Und dabei hatten sie so nette kleine Kreuzer. Kennen Sie noch den ersten Ford Thunderbird, der bald zum großen Schlachtschiff wuchs?

Und dabei hatten Amerikaner doch einstmals das erste und für Jahrzehnte mit Abstand erfolg- und einflußreichste Auto für den kleinen Mann gebaut, das Modell T. Ich erprobte es mal auf deutschen Straßen.

# Fahrzeugträume letzter Hand

1908 kam es heraus, 1928 wurde es vom Modell A abgelöst. Sein Erfolg gilt als epochemachender Triumph der Massenproduktion, aber die Konstruktion des T-Modells hat viel dazu beigetragen. Es war der perfekte Wagen für technisch unkundige Fahrer in einem Kontinent mit nur roh gebahnten Straßen. Durch Mittellagerung der Vorderachse extrem anpassungsfähig an unebenes Gelände, die wichtigen Teile aus erstklassigem Material (schon vor dem T-Modell war Ford der größte Abnehmer für Vanadiumstahl in den USA), Fahrwerksteile leicht und doch stark.

Und mit einer Halbautomatik, idiotensicher: Die Gänge mit Pedalen geschaltet, der Kupplungsvorgang automatisch, wenn auch schroff ansprechend, die typischen Hüpfer beim Anfahren sieht man in alten Filmen, wenn man darauf achtet. Einer der ersten Vierzylinderblockmotoren statt einzeln stehender Zylinder, niedertourig (2,9 Liter Hubraum, 20 PS bei 1800 U/min). Viele europäische Klein- und Einfachwagen sind mehr oder minder deutlich vom T-Modell abgeleitet worden.

Woher er kam, wohin er ging, ich weiß es nicht. Eine Zeitlang fuhr er vor 1960 im Stuttgarter Verkehr, in fabelhaft gutem Zustand. Es ist ein amerikanischer Plymouth aus der Zeit kurz vor der Wirtschaftskrise 1929. Damals boten die Amerikaner ihre großen Wagen im wirtschaftlich aufblühenden Deutschland zu so billigen Preisen an, dass die vom Fiskus unvernünftig belasteten deutschen Produzenten in eine schwere Krise gerieten, zumal sie größtenteils nach alter Väter Sitte außerordentlich aufwendig und ohne Rücksicht auf die von den Amerikanern praktizierten Gesetze industrieller Massenfertigung bauten. Zum Teil suchten sie Rettung bei Kleinfahrzeugen und Kleinwagen, zum Teil bei Lizenzen und Kopien amerikanischer Fabrikate, Konstellationen und Kräfteverhältnisse der deutschen Autoindustrie änderten sich in diesen Jahren völlig. Der Schock währte noch lange und rührte nationalistische Impulse auf: »Deutscher Mensch, kauf deutsche Wagen, hilf deutsches Leid gemeinsam tragen …«

Für manche alten Autos, die wenige Jahre zuvor noch wertvoll für den Alltag waren, war der Lebensabend freundlich dekoriert; man nahm sie komisch, und so blieb es, sofern nicht museale Erhaltung den Betrachter achtungsvoll verstummen läßt.

# Fahrzeugträume letzter Hand

Kennen Sie den? Dieser Wagen ist bestimmt das einzige Stück, das nach dem Krieg auf Deutschlands Straßen gelaufen ist, denn vor dem Krieg können es auch nur wenige gewesen sein. Es ist ein tschechischer Aero, mit Zweitaktmotor und Frontantrieb, Einzelradfederung auch hinten, trotz der konservativen Form ein fortschrittliches Auto und durchaus nicht spärlich motorisiert, als Typ 30 mit 1 Liter Hubraum und 30 PS bei 3200 U/min, als Typ 50 sogar mit dem größten aller Zweitaktmotoren, 2 Liter Hubraum, vier Zylinder, 50 PS bei 3500 U/min. Die Aero-Entwicklung begann übrigens mit einem kleinen Wagen ähnlich dem Dixi, jedoch nicht in Austin-Lizenz gebaut, sondern in eigener Konstruktion, mit Zweitaktmotor. Der Markenruf wurde durch Zuverlässigkeit im Langstreckensport aufgebaut, 1934 wurde der fortschrittliche Typ 30 geschaffen, 1937 mit etwas mehr Radstand und dem großen Hubraum zum Typ 50 vergrößert, bei den Normalmodellen mit zeitgemäßer Weiterentwicklung der Karosserieform. Der große Motor war aber nicht gesund.

Wahrscheinlich kein Eigenbau, sondern Sondermodell des Werks für einen bestimmten Zweck: Vor dem Krieg wurden nach dem Muster von Gelände-Zuverlässigkeitsfahrten für Motorräder auch Wettbewerbe für Wagen veranstaltet, stark gefördert zwecks militärischer Ertüchtigung von Mann und Marke. Für Werksmannschaften und auch für Motorsportorganisationen wurden Serientypen auf solche Art als Roadster karossiert. Um einen solchen Wagen der Borgward-Vorkriegsmarke Hansa muss es sich hier handeln, Typ 1100 (1934-1939).

# Meister aller Klassen

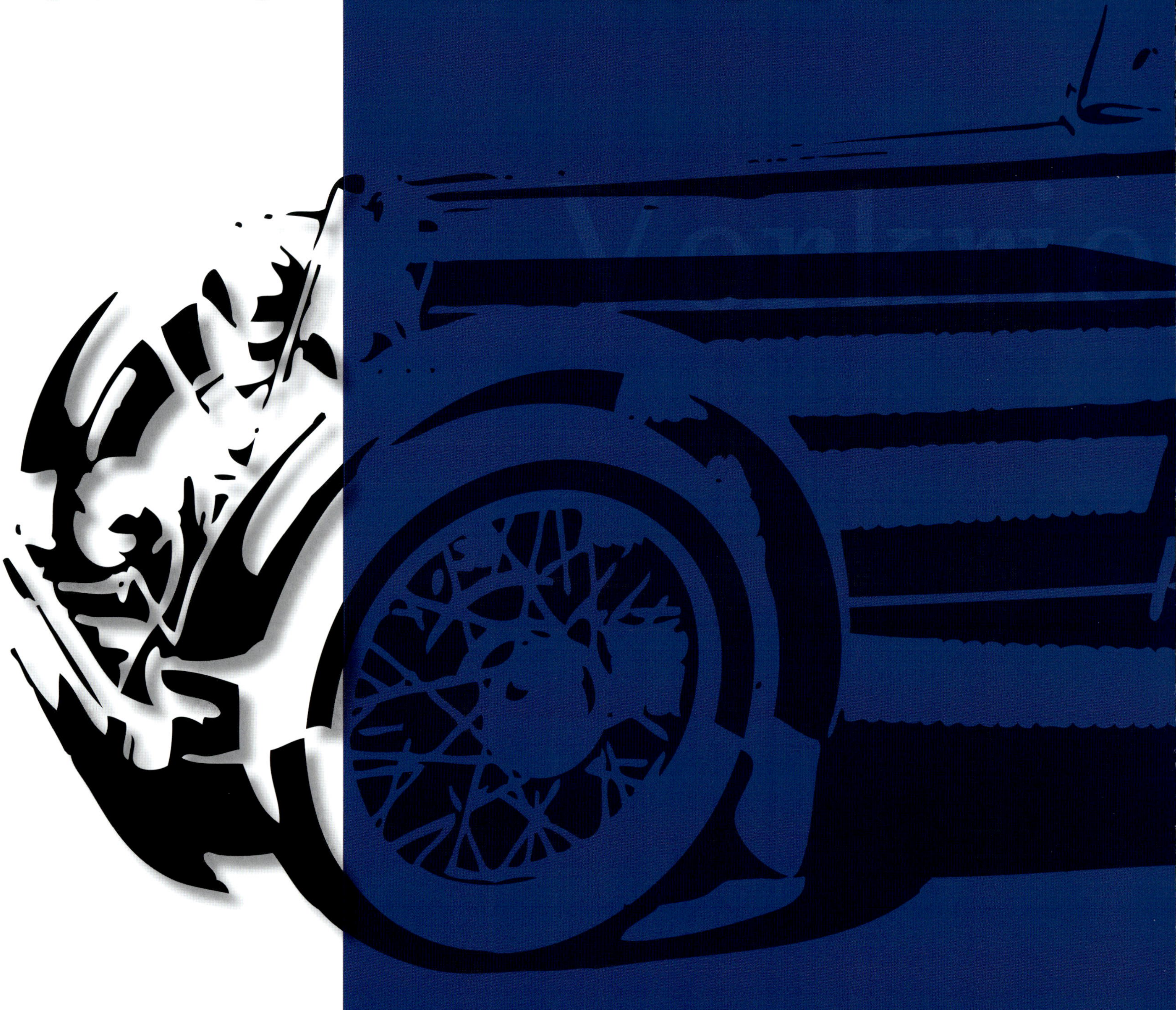

S-CC 418

Wie ein MG, ein klassischer Sportwagen wie es einst viele gab, präsentierte sich dieser DKW. Einst ein Serientyp? Ein Wagen, der die Antwort gab, rollte fast gleichzeitig auf Stuttgarts Straßen, eigenartige Duplizität des Auftauchens aus der Vergessenheit; man sehe selbst.

Auf der gegenüber liegenden Seite á la MG getrimmt, hier der gleiche Typ original, zur gleichen Zeit noch im Verkehr: Der DKW-Sportwagen, Baujahr 1929 bis 1930. Bei diesem Exemplar stimmt alles bis auf Kleinigkeiten wie die elektrischen Scheibenwischer, der Zahn der Zeit hat erstaunlich wenig abgenagt, und die Karosserie hat stabil zusammengehalten. Sie ist aus Sperrholz, selbsttragend! Nicht nur der Sportwagen, sondern auch der ein Jahr zuvor geschaffenen Serientyp T hatte kein Metallchassis, und bei der Fortführung dieser Modellreihe zu den »großen« DKW im Gegensatz zu den kleinen Frontantriebsmodellen seit 1931 – wurde bis zur 1100-ccm »Schwebeklasse« (so benannt zum Ruhme der Hinterachskonstruktion »Schwebeachse«) das Prinzip der selbsttragenden Holzkarosserie beibehalten.

# Meister aller Klassen

Die imposante Motorhaube umhüllt viel frische Luft. Wir blicken hier von links hinein, und es darf gefragt werden: Wo ist der Motor? Er ist vorhanden, vor der Spritzwand, man könnte ihn für ein dickliches Getriebe halten. Der Zweizylinder-Zweitakter hat 584 ccm mit 18 PS bei 4500 U/min, für die Zeit sehr viel Leistung und Drehzahl, ein kleiner Hochleistungsmotor, und das Sperrholz-Auto wiegt nur 500 kg, gute Exemplare liefen 100 km/h, und so war es wirklich ein leichter Sportwagen. Übrigens mit angetriebener Hinterachse, nicht Frontantrieb; das wurde zum bleibenden Unterschied der großen DKW aus Spandau gegenüber den kleinen Frontantriebs-DKW aus Zschopau.

Nicht so romantisch wie ein alter Roadster, aber stilgeschichtlich interessant: ein DKW F 7 mit Stromlinienkarosserie, typisch für Überlegungen jener Zeit und zudem ein handwerkliches Meisterstück, die Dachpartie aus kunstlederverkleidetem Holz nach DKW-Manier, der DKW-Grill geschickt in die Front einmodelliert.

# Meister aller Klassen

Nur sechs Jahre nach dem alten Spitzheck-Roadster ist dieser DKW-F 7-Sportwagen gebaut, ein völlig anderes Auto bis aufs Motorprinzip, Zweizylinder-Zweitakt. Die Frontantriebs-Modellreihe in Zschopau begann 1931 mit dem Modell F 1 (500 ccm) / F 2 (600 ccm), der F 7 war schon eine fortgeschrittene Form, gebaut von 1935 bis 1939, das Modell der DKW-Erfolgsjahre. Der schöne Roadster war aber nur ein Liebhabermodell am Rande, eine Variante der sogenannten Luxusklasse mit Ganzmetallkarosserie, während die meistgekauften Modelle die typische kunstlederverkleidete Sperrholzkarosserie hatten. Der Roadster wog soviel wie eine Limousine und hatte den normalen Meisterklasse-Motor mit 700 ccm, 20 PS bei 3500 U/min. Für den Roadster suchte das Werk Motoren heraus, die in der Serienstreuung besonders leistungsfähig ausgefallen waren, aber viel mehr als 85 km/h ist er nicht gelaufen, was der Freude aber keinen Abbruch tat, auch nicht bei diesem letzten und schönsten Exemplar, das ich vor die Kamera bekam.

Was den kleinen Motoren an Leistung fehlte, konnte man mit der Straßenlage ausgleichen. Das reizte sportliche Interessen, aber DKW baute keinen rechten Nachfolger des 18-PS-Sportwagens. Zwar offene Zweisitzer, aber nicht in sportlichem Stil, der F 7-Roadster kam spät und war schwer. BMW hatte die Sportsfreunde auch verlassen, der teure 315/1 war kein Ersatz für den 3/18-PS-Wartburg-Roadster, daher ja auch die vielen Dixi/BMW Bastelkarosserien.

In diese Marktlücke wurde der Tornax-Rex hineingebaut, mit DKW-Motor und eigenem Fahrwerk, atemberaubend anzusehen und nicht zu teuer. DKW lieferte zunächst ausgesuchte Motoren, dann frisierte Tornax auf ca. 23 PS, gute Exemplare liefen über 100 km/h. Von 1935 bis 1938 wurde das Modell gebaut, aber der Markt war zu schmal gegen immer mehr Konkurrenten; DKW machte den eigenen Roadster, Adler den begeisternd eleganten Trumpf Junior Roadster. Mangels Foto hier ausnahmsweise eine Zeichnung; der Tornax durfte hier nicht fehlen.

Sie liefen und liefen, die alten DKW, Ende der fünfziger Jahre noch mehr als 20 000 Wagen. Im Krieg waren sie nicht fürs Militär beschlagnahmt worden, weil zu zivil, und auch Behörden bevorzugten größere Kaliber. So waren sie stillgelegt oder fuhren spärlich als Arztwagen und Behelfslieferwagen, ebenso in den ersten Nachkriegsjahren. So blieben besonders viele übrig, und sie waren genau richtig für die Zeit: Vor hohem Verbrauch bewahrten der geringe Hubraum und die beschränkte Leistung, Reparaturen waren recht einfach, mit Mängeln kannte man sich aus. Und solange es keine billigen Kleinwagen gab, blieben die DKW konkurrenzlos.

*Typenkunde* konnte wichtig sein. Der Wagen auf der linken Seite ist ein Meisterklasse F 8, die neue Ausführung 1939, zu erkennen vor allem an den vertikalen Rippen im Grill und der doppelten Schlitzreihe seitlich. Statt der doppelten Querblattfedern hatte er vorn untere Querlenker zur stabileren Radführung, übrigens auch einen ganz neuen Schleifenrahmen statt dem Mittelrohr. Kenner wählten im Zweifel lieber einen F 7, denn durch ungünstige Hebelwirkung der Kolbenstoßdämpfer schlugen die inneren Lager der Querlenker gern und immer wieder aus. Der obere Wagen auf dieser Seite hatte einen F 7-Grill und eine F 8-Haube. Ein Blick auf die Wölbung der hinteren Kotflügel und auf die Vorderradführung identifiziert ihn als F 8. Die großen Räder mit schmalen Reifen 4,00-19 deuten ebenso wie die Haube und die abgeschnittene Zierleiste auf Reichsklasse, 600 ccm und 18 PS, einfache Ausstattung. Und der nebenstehende Mercedes ist ein F 8-Meisterklasse trotz der Reichsklasse-Räder, die vier Jahre älter sind als der Wagen. Es konnte sich lohnen, so etwas zu wissen, gebrauchte DKW hatten noch ihren Markt.

# Meister aller Klassen

Mit eingesackten Federn, lackierter Preßpappe statt dem Cabriolimousinen Verdeck (oberes Bild, Meisterklasse 1935), mit Falten im Kunstleder und faulendem Holz darunter (untere Bilder Meisterklasse Modell 1938), mit endgültig durchgeschlissenen Polstern, zum zwanzigstenmal neu ausgebüchster Drosselklappenwelle und immer wieder ausgelaufenem linken Kurbelwellenlager (die Schwungmasse des schweren Dynastart-Ankers

hing einseitig an der Kurbelwelle) rückte nach 1955 für immer mehr Wagen das Ende heran. Man wurde es leid, wenn der Leerlauf durch falsche Luft in höchsten Touren raste, die Leistung aber schwach und schwächer wurde. Sie liefen – aber auch in ihrer besten Zeit nicht schnell. 65 km/h empfahlen Fachzeitschriften auf Befragen 1939 als Autobahndauergeschwindigkeit, und im zweiten Gang zog man mit 40 km/h die Autobahnsteigungen hinauf ...

Am längsten hielten sich die Wagen der »Luxusklasse«, gebaut in den letzten vier Jahren vor dem Krieg. Hübsche Cabriolets mit Speichenrädern, besonders gut proportioniert als Zweisitzer, durch die Ganzmetallkarosserie der Respektabilität ganz richtiger Autos angepasst, so überlebten diese Modelle besonders lange, obwohl die schwergewichtige Karosserie das Temperament nicht förderte.

# Meister aller Klassen

Das karierte Verdeck hat schon ein Spaßvogel gemacht, der sein altes Auto mit Ironie betrieb. Aber dieser Typ war zu seiner Zeit hoch geschätzt bei Mitbürgern, die nach dem Krieg früh zu Geld gekommen waren und ihren alten DKW liebten. Die Karosseriefabrik Baur in Stuttgart, die vor dem Krieg für DKW den größten Teil der Luxusklasse-Cabrios karossiert hatte, lieferte von 1948 bis 1952 diesen Umbau, mit neuer Haube, neuem Grill, neuen Kotflügeln, das Reserverad nicht mehr außen auf dem Heck; gleichzeitig wurden die angelieferten Wagen von Grund auf überholt. Seit 1950 lieferte Baur ihn auch als Neubau auf Basis des mit dem DKW F 8 übereinstimmenden IFA F 8, der seit 1949 in der DDR gebaut wurde.

Ein alter DKW, denkt man, aber damals stutzten wir: Die Haube war zu lang, der Abstand zwischen Vorderrad und Tür war ungewöhnlich, dreimal so lang wie beim Original. Wenn ich mich recht erinnere, war es das Fahrgestell eines DKW »Sonderklasse« 1938-39 (Radstand um 25 cm länger als beim Nachkriegs- DKW), mit Hinterradantrieb, oft mit Opel Olympia-Motor versehen, denn der originale 1,1-Liter-V 4-Zweitakter mit Ladepumpen war ein unglückliches Konzept und brauchte enorm viel Benzin. Die Karosserie, die so geschickt aufs lange Fahrwerk praktiziert worden war, hat Karmann 1950 bis 1955 für die DKW F 89 und F 91 gebaut.

Wer nicht bei Kasse war, musste auf weniger elegante Weise versuchen, seinen DKW über die Runden zu bringen. Das Sperrholz hielt sich oft hervorragend, aber es gab anfällige Stellen, vor allem am Ansatz des Gepäckraums. Da faulten die Träger, und das Heck sackte ab. Da es ohnehin wenig Gepäckraum war (die hochliegende Querfeder nahm viel Raum weg), gab es geniale Lösungen wie auf dem oberen Bild, und wenigstens eine Abdeckung mit stilistischer Nebenabsicht versuchte der Besitzer des Wagens auf dem mittleren Bild zu schaffen, während das untere Bild demonstriert, dass mit neuen Modellen nicht alle alten Nöte behoben waren.

# Meister aller Klassen

**Schließlich** war Schluss mit den alten DKW. Unten habe ich den Wagen mit der Aufschrift noch auf der Straße aufgenommen, oben ganz zufällig bei der Einfahrt zur Endstation, dem Autofriedhof, die Aufschrift nun ironisch passend. Sie zeigt übrigens, dass die Meinungen über die alten DKW sich schon früh teilten. Als dieser DKW-Besitzer 1955 seinen Spruch malte, weil er sein Auto als lahm und alt empfand, war es gerade drei Jahre her, dass andere DKW-Besitzer ihre Autos bei Baur neu karossieren ließen. Noch jahrelang hat es mindestens Tausende von Fahrern gegeben, die fest entschlossen waren, ihren DKW zu hegen und zu pflegen und für lange zu behalten. Da machte der TÜV immer mehr einen Strich durch die Rechnung. Die Bremsen waren immer schon schlecht, Rost und faules Holz taten das übrige.

# Baur

## baut Karosserien

**für Ihren alten treuen DKW**

- *formschön in der Linie*
- *unerreicht in der Haltbarkeit*
- *Wir liefern in Stahlausführung Cabriolets und Limousinen*

**KARL BAUR**

KAROSSERIEFABRIK-UND REPARATURWERK · STUTTGART O

Poststrasse 40-50 · Fernruf: 41943/44

# Traumwagen in Handarbeit

Je mehr Karosserie-Varianten es zu kaufen gab, desto mehr verschwanden die kühnen Eigen- und Umbauten. Viel Skurriles war dabei, oft war die Blechtechnik besser als der Stil, oft war es auch umgekehrt, aber die eigenen Ideen zu modellieren, war doch ein Weg zum Glück. So bei diesem zum Traumwagen umfunktionierten AU 1000 S.

Noch drei Eigenbauten: Oberes Bild ein Austin A 40 (1953), als ungraziöse hohe »Somerset« -Limousine im Stil eines Mini-Rolls Royce geboren, zum recht netten Roadster umfunktioniert, 1,2 Liter Hubraum. Mittleres Bild ein Eigenbau auf Borgward 1500 Basis, an dem sich schon vor mehr als zehn Jahren die Eigenbau-Problematik zeigte: der Händler bietet ihn zwar als interessantes Objekt für stolze 5550 DM an, muß aber bereits mit 1500 DM Anzahlung locken; neue Modelle liefen der unbeholfenen Eigenbau-Stilistik den Rang ab. In zweiter Hand verfielen die schwer restaurierbaren Eigenbauten schon früh, wie das untere Bild eines gewaltig aufgetrimmten Fiat 500 C.

Flossen waren ein paar Jahre lang große Mode, doch es war das Ende der großen Bastelzeit. Zulassungsbehörden und TUV wurden streng und strenger, 1961 musste DKW beim AU 1000 Sp die Enden der Heckflossen abrunden, größere Um- und Eigenbauten waren immer schwerer durchzubringen, heute setzt es technisch-wissenschaftliche Schwerarbeit voraus.

Der Spaß am Roadster wurde auch mal auf einen Typ übertragen, den man niemals unter einer solchen Karosserie vermuten würde. Erkannt? Es ist ein Citroën 2 CV, eine belgische Firma lieferte die Wagen in kleiner Serie.

# Unvergessene Adler

# Unvergessene Adler

Unter den Vorkriegsmarken, die keinen Nachkriegsstart im Automobilbau schafften, ist es um manche schade, besonders um Adler. Nach konventionellen Wagen schaltete die Marke, die schon seit 1899 Automobile baute 1932 auf eine Frontantriebs Modellreihe um, die bald die Vorhand vor den gleichzeitig gebauten hinterradgetriebenen Modellen gewann und außerordentlich populär wurde. Der Adler Trumpf kam zunächst mit 1,5 Liter Hubraum, seit 1934 mit 1,7 Liter, seit 1938 mit 2 Liter. Populär war vor allem aber der Adler Trumpf Junior mit 1-LiterMotor, gebaut von 1934 bis 1940. Wegen der Sparsamkeit durch den kleinen Hubraum blieben während des Krieges besonders viele Trumpf Junior in ziviler Benutzung, nach dem Krieg suchte man sie wegen ihrer eleganten Form und angenehmen Eigenschaften lange zu erhalten.

Viele Besitzer hofften auf eine neue Adler-Produktion, aber das demontierte Werk kam nicht über Prototypen hinaus. Die Motoren waren stets recht lahm, mit seitlich stehenden Ventilen, beim Trumpf Junior 25 PS bei 4000 U/min, Spitze knapp 90 km/h. Der 1,5-Liter Trumpf hatte 30 PS bei 3400 U/min, beim 1,7 Liter erhöht auf 38 PS bei 3800 U/min, beim 2 Liter schließlich 45 PS bei 3900 U/min. Der 1,7 Liter lief knapp 100 km/h, der 2 Liter wenig über 110. Aber ähnlich wie die Frontantriebs- DKW holten die Wagen zügige Fahrleistungen aus der guten Straßenlage, sie hatten Einzelradfederung vorn und hinten. Die schönen Cabrios wurden am längsten erhalten, aber es gab auch mannigfaltige Umbauten.

# Unvergessene Adler

Die Cabrios machte Adler vor dem Krieg nicht selbst, das serienmäßige Junior-Cabrio baute Karmann, aber das Fahrgestell eignete sich sehr gut auch für Sonderkarosserien nach Privatwunsch, die bei gutem Erhaltungszustand noch bis weit in die fünfziger Jahre hinein mit Liebhaberpreisen bezahlt wurden.

Fast vergessen, aber bis 1938 gebaut: Dies ist einer der hinterradgetriebenen Adler, deren Modellreihe beim Trumpf- Paralleltyp Primus begann.

Für unsere Augen abenteuerlich, aber ein handwerklich gekonntes Stück Arbeit, aus dem Material solider Reisekoffer ähnlich der Bauweise klassischer Station Wagons. Viel Blecharbeit erspart, und auf seine Art ein Liebhaberwagen.

# Unvergessene Adler

Mit dem gleichen Mut zu einem neuen Kurs, den Adler mit dem Trumpf bewiesen hatte, dessen Frontantriebs-Vorfahrenreihe übrigens ein interessantes Kapitel der Technikgeschichte ist, startete man ins erwartete goldene Zeitalter der Autobahnen 1937 mit dem 2,5-Liter-Stromlinienwagen. Wir wissen heute, dass diese Stromlinie unrealistisch war, auch gab es Schwierigkeiten mit der Straßenlage, hinter vorgehaltener Hand sprach man von einer Fehlkonstruktion, und der Wagen wurde wegen seiner ungewöhnlichen Form mehr diskutiert als gekauft. Durch die hochgewölbte Gürtellinie war er unangenehm unübersichtlich wie auch andere Stromlinienmodelle in der Zeit. Aber er war doch ein Vorbote neuer Technik, auch in der Raumausnutzung gegenüber konventionellen Wagen – in der Länge, nicht in der Breite, den Schritt zur Pontonkarosserie wagte man stilistisch noch nicht. Eine Limousine habe ich im Verkehr nicht mehr fotografieren können, um so überraschender war der Anblick dieses sehr gut erhaltenen Cabriolets, Karosserie Karmann.

*Gegenstück:* ein ausdrücklich nicht auf Sport dressierter ziviler Roadster; solche Wagen fuhren im Film die jungen Erben reicher Väter, und der Fahrtwind spielte in den blonden Locken der holden Braut. Auch dieser Wagen ist ein Adler, ein Trumpf 1,5 Liter von 1932-1934. 1936-1938 baute Adler einen besonders sportlich aussehenden Trumpf Junior Roadster ohne Trittbretter, mit mitschwenkenden Vorderkotflügeln und verkleideten Hinterrädern, Alu-Karosserie, Motorleistung auf 28 PS erhöht, Spitze aber auch nur 110 km/h. Er hielt als Spezialcoupé einen Dauergeschwindigkeitsrekord.

# Unver-wüstliche Opel

Opel

# Unverwüstliche Opel

Opel kopierte 1924 in unverständlich unverfrorener Weise den Citroën 5 CV Typ C von 1922; das war der Opel 4/12 PS, der »Laubfrosch«. Der Citroën war seinerseits vom Ford-T-Modell angeregt, doch nicht so abgekupfert. Die 1925 erzwungene Änderung schlug Opel zum Glück aus; unter anderem verlängerte man das Fahrwerk, machte es dadurch für vergrößerte Karosserien tauglich; vom 4/14 PS lief die Entwicklung nach dem Laubfrosch über den 4/18 PS zum 4/20 PS (1929 bis 1931), seit 1928 mit der charakteristischen geschwungenen Kühlerhaube nach einem amerikanischen Vorbild (Packard), bis 1931 gemeinsames Merkmal aller Opel-Typen.

Dieser hervorragend erhaltene 4/20- (oder 4/18-) PS-Opel lief noch bis in die sechziger Jahre, ich fuhr und fotografierte ihn und wurde daran erinnert, wie langsam der Verkehr einst lief. Höchstgeschwindigkeit 80 km/h steht in Katalogen, aber 55 km/h war die angemessene Reisegeschwindigkeit.

Nicht viel schneller war der P 4, ein ganz besonders billiges Spar- und Auslaufmodell 1936 bis 1938, auf 1100 ccm reduzierte letzte Auflage des 1,2 Liter. Der P 4 kostete zu seiner Zeit kaum mehr als ein schweres Motorrad. Anlagemäßig war er völlig veraltet; ohne Gepäckraum, Starrachse vorn und hinten. Er wurde im Krieg nicht fürs Militär beschlagnahmt, diente nach dem Krieg unverdrossen als Behelfslieferwagen mit Ladepritsche. Doch der Verschleiß und die schon vor dem Krieg überholte Form ließen ihn in den fünfziger Jahren bald verschwinden.

# Unverwüstliche Opel

Bis Mitte der fünfziger Jahren waren elegante Vorkriegswagen noch begehrt, das Vorkriegs-Kapitän-Cabrio war ein interessantes Gegenstück zum Nachkriegsmodell, das nur als Limousine geliefert wurde; die meisten Ersatzteile passten. Die früher in die Kotflügel einmodellierten Scheinwerfer konnte man leicht durch die neuen ersetzen wie bei diesem Wagen, der aber doch 1955 schon verfiel.

Dann ließ man die Veteranen liegen, so hier einen Super 6, den Kapitän-Vorläufer von 1937 bis 1938. Er hat als Behelfslieferwagen mit Pritsche sein Schwarzmarktbenzin redlich verdient und wird im Dienste der Versorgung der Bevölkerung seinen Besitzer nicht ärmer gemacht haben. Nicht wenige unserer neuen Reichen fingen so mit einem alten Auto an.

Wer sich nichts Neues leisten konnte, suchte Anschluss an die neue Zeit; mit Heckflossen und vergrößertem Gepäckraum war dieser 1,3-Liter Olympia (das erste Modell des neuen Opel-Stils mit selbsttragender Karosserie, gebaut 1935 bis 1937) zunächst ein interessanter Eigenbau, bis man anspruchsvoller wurde und ihn bald lächerlich fand.

# Unverwüstliche Opel

Wer sich heute einen zehn Jahre alten Wagen kauft, weil für Neueres das Geld nicht reicht, hätte 1955 einen Vorkriegswagen fahren müssen wie diesen Kadett. Da kannte man sich noch aus: Es gab den Kadett Normal, mit Starrachse vorn, die Ablösung des P 4. Und den Kadett Spezial, besser ausgestattet und mit der »Synchronfederung« vorn, ultraweichen Schraubenfedern in einer technisch interessanten, aber zum Ausklappern neigenden Anordnung. Sie trugen Opel den dauerhaften Ruf unangenehm übertriebener Federweichheit ein, als das Werk längst hart und härter baute. 1100 ccm und 23 PS bei 3445 U/min hatte der Kadett, vom sehr ähnlichen Olympia unterschied er sich vor allem durch die flachen Haubenschlitze, den Kadett Normal erkannte man auf den ersten Blick an den P4-Radkappen und an sonstiger Schmucklosigkeit, er hatte auch keine Stoßstangen!

Auch Opel-Fahrwerke regten zu Eigenbauten an, sofern die Originalkarosserie entbehrlich war. Unter dieser Roadster-Karosserie, die gar nicht ungeschickt den internationalen stilistischen Trends von 1950 folgte, steckt ein Opel 1,2 Liter; die Räder verraten ihn. Solche Karosserien wurden von Werkstätten zur Umrüstung angeboten.

# Unverwüstliche Opel

Auch neueste Wagen ließen den Drang zum Ändern nicht gleich ruhen; es gab noch nicht viele Versionen, man vermißte Individualität – sofern man nicht froh war, überhaupt zu fahren. Gekonnt und wirklich schön ist dieser Kapitän (Modell 1955-1957) zum zweitürigen Coupé umgebaut worden, Foto 1958.

**Karosseriefirmen** setzten weiter auf das Ideal des offenen Wagens und verrechneten sich, auch mit der Stilsicherheit beim Umgang mit den neuen Formen war es noch nicht weit her. Dies Opel Rekord-Cabrio wurde 1959-1960 in kleiner Serie gebaut, dazu auch ein Coupé mit ebensolchen Flossen und Leisten – beim Kapitän auf der vorhergehenden Seite hatte die gleiche Firma (Autenrieth) eine weit bessere Hand. Bei Coupés zogen bald die Werke nach und machten den Karossiers einen Strich durch die Rechnung.

# Volkswagen ohne Erfolg

S-M 183

# Volkswagen ohne Erfolg

Aus alt mach neu, so entstanden die meisten Eigenbauten. Fahrgestelle vom Wehrmachts-VW wurden mit mehr oder weniger passenden Karosserien zivilisiert, und als der Käfer in Produktion ging, gab es bald Unfallwagen, aus denen man sich sein individuelles Auto stricken konnte. Da gab es die eigenartigsten Paarungen, so hier eine Vorkriegs-Opel Karosserie auf VW Fahrwerk, Front und Heck Eigenbau.

Auch dies ist ein VW, mit der geschickt eingepassten Karosserie eines Peugeot 202 (1938-1949), VW Vorderkotflügel. Der Effekt beachtlich: ein Käfer mit vier Türen.

# Volkswagen ohne Erfolg

Was man nicht kaufen konnte, baute man sich selbst. Auch dies ist ein VW, nach dem Vorbild damaliger amerikanischer Station Wagons solide karossiert.

Und wer sportliche Träume hatte und mühsame Blecharbeit nicht scheute, baute seinen Traum in individuellen Linien, hier deutlich angeregt von der Tendenz der Jaray-Stromlinienwagen, die in der Vorkriegszeit viel diskutiert wurden.

Auch ein VW, als ultraniedriges Cabrio karossiert. So wünschte man sich 1950 einen Sportwagen, und wer es schaffte, sich so etwas zu bauen oder bauen zu lassen, fuhr bewundert und beneidet.

# Volkswagen ohne Erfolg

**Auch** ein VW. Um das Streben nach neuen stilistischen Zielen ging es bei vielen Eigenbauten, nicht immer mit Glück. Oft misslangen die Proportionen, und das Stilgefühl war noch ungeschult. Wir lächelten damals schon über manches Missverhältnis von Wollen und Produkt, doch mit Abstand sollten wir es als naive Kunst betrachten. Die Richtung stimmte schon.

Auch ein VW. Zwar Porsche-Front und Porsche-Heck, auch Seitenfenster ähnlich ausgeschnitten, aber stark gepfeilte Windschutzscheibe, der Knick eigenartig ins Dach hochgeführt, VW-Rückfenster, das hintere Seitenfenster durch ein Schwenkfenster aufgeteilt. Fraglos sind es Porsche-Teile, Dach und Seiten für den um 30 cm längeren Radstand des VW gestreckt und umgeformt, bestimmt der eleganteste Sonder-VW der Welt für viele Jahre. Ein Bastelprodukt? Porsche kennt ihn nicht, und das Volkswagenwerk hatte damals andere Sorgen.

**Auch** ein VW, zum Teil. Eine dreirädrige Super-Fahrmaschine. Vom VW stammen Vorderachse, Lenkung, Armaturen und die Bodenpartie, die Karosserie hat der Erbauer modelliert, eine Blechzigarre mit riesenlangem Radstand, Baujahr 1953-1954. Welcher Motor drinsteckte, weiß ich nicht, es war kein ganz kleiner. Problem solcher Dreiräder übrigens: großer Wendekreis durch den großen Radstand, vor allem aber keine Seitenführung fürs Heck, wenn das Hinterrad mal durchrutscht; nichts für schwergewichtige Fahrzeuge, und problematisch auch bei kleinen.

Auch ein VW, er galt noch 1955 als besonders schönes Sonderstück. Gut gebaut war er, und stilistisch entsprach er auf seine klotzige Weise dem herkömmlichen Vorstellungsbild vom sportlichen Stilakzent, mit tiefem Dach zwischen hohen Kotflügeln. Als ich ihn 1955 fotografierte, sagte ein Passant, das Volkswagenwerk sollte endlich mal so ein elegantes Auto bauen statt dem veralteten Käfer.

# Volkswagen ohne Erfolg

Noch ein VW, ein perfekter Eigenbau aus der DDR, hervorragend ausgeführt und in vielen Einzelheiten seiner Zeit um 1955 weit voraus. Gürtellinie so tief wie möglich, der Stil nicht langweilig, die Lüfteröffnungen für den Motor geschickt in die hinteren Kotflügel eingefügt, originelle Panorama-Heckscheibe, das Muster einer individuellen Eigenschöpfung.

Eine derartige Karosserie zu entwerfen und zu bauen ist schon mehr als eine Meisterprüfung. Der Wagen hat vieles vorweggenommen, was erst später bei Serienwagen üblich wurde, so das abgeflachte Armaturenbrett mit der aufgesetzten Armaturengruppe. Der Wolfsburger VW hatte damals noch längst keine als Gepäckfläche vorklappbare Rücksitzlehne, und die eigenartige Heckscheibe war von innen her begründet: Der Wagen sieht nach Coupé aus, ist aber eine Limousine mit nicht weniger Rücksitzraum als der Käfer, mit Kopfraum über dem Rücksitz durch das weit nach hinten geführte Dach, und die Heckscheibe umschließt den Gepäckraum hinter der Rücksitzlehne.

# Am Ende aller S

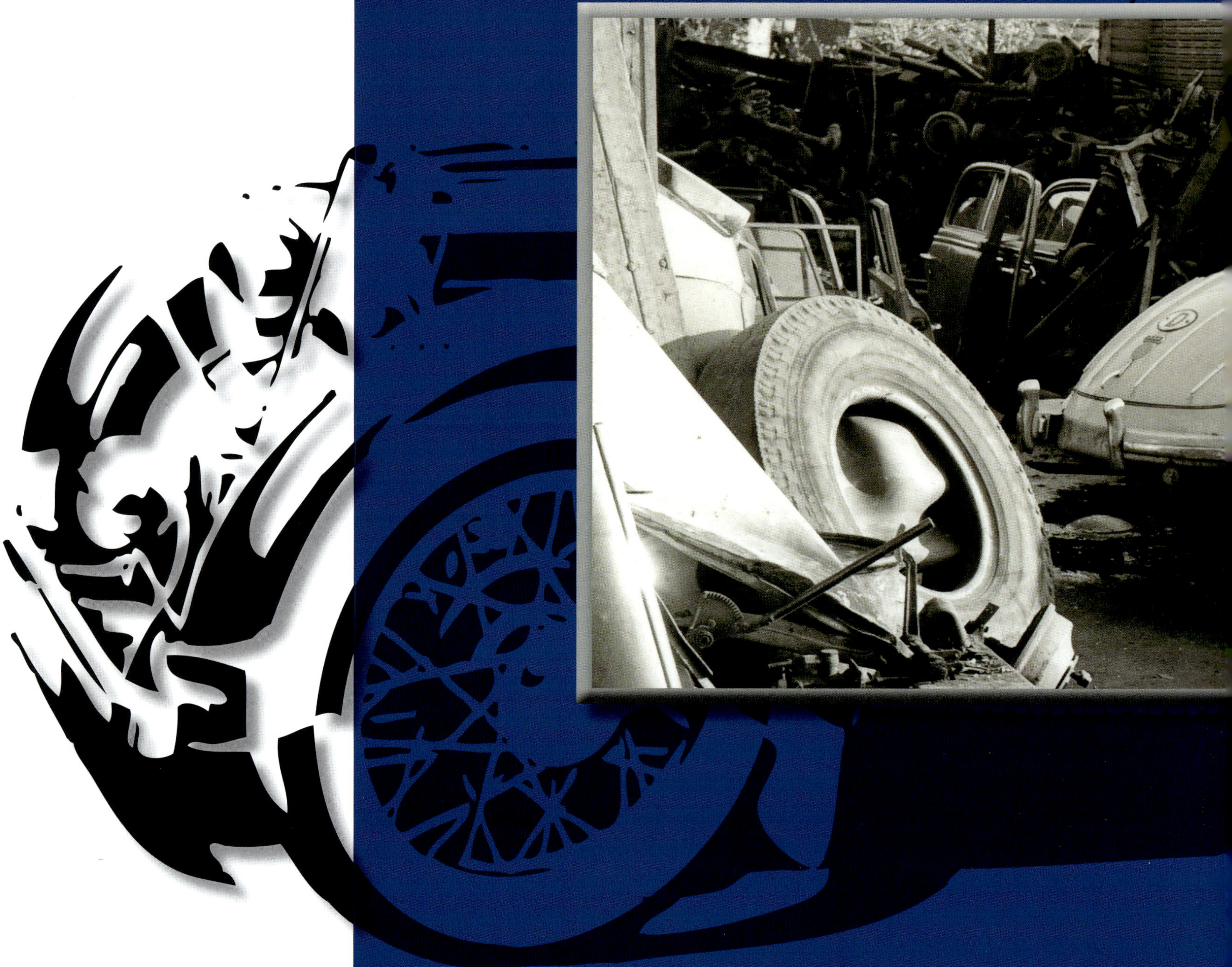

traßen

Am Ende

# Am Ende aller Straßen

Ihr Ende auf dem Schrottplatz fanden zahllose Wagen, für die wenige Jahre zuvor noch mühevoll eine handgearbeitete Karosserie angefertigt worden war – der Neid von Freund und Nachbar.

Die einst begehrten Vorboten des ersehnten Autofrühlings brachen auseinander.

Die Türen rissen aus,

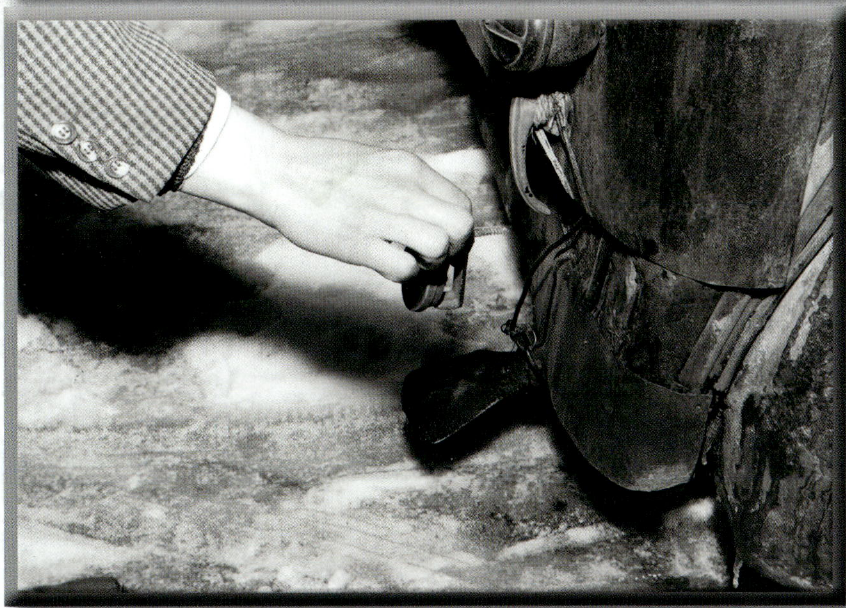

das faule Holz der alten DKW hielt keine Schraube mehr,

und trostloser Verfall machte die Trennung vom alten Freund leicht.

# Am Ende aller Straßen

Den umjubelten Siegern der frühen Nachkriegsrennen ging es nicht besser.

**Türen** sackten...

**Fenster** klafften...

**Gebrauchtkäufer** lernten zu, Vorkriegswagen blieben bald unverkäuflich

# Am Ende aller Straßen

Und während älteste Versuche, das Volk zu motorisieren, auf Ausstellungen und Veteranen Rallyes kopfschüttelnd betrachtet werden – hier der früheste DKW-Ahne, ein Mollmobil, mit Elektromotor oder 200-ccm-DKW-Motor 1921 angeboten, Einsitzer mit Pinnensteuerung...

Wurde der Weg zwischen Fließband und Schrottplatz immer kürzer.

## * KFZ. UND ANHÄNGER *

### Verkäufe

**Veritas 2sitz. Sportcoupé, 60 PS,** generalüberholt, Motor eingefahren, preiswert zu verkaufen. R. Mez, Rastatt, Kaiserstr. 39. 7483/587

**BMW-Coupé, Typ 327,** neuwertig abzugeben. Carl Bichmann, Menden, Krs. Iserlohn, Tel. 2755. 7436/583

**VW-Cabriolet, 2/2sitzig,** 1950 fabrikneuwertig, Liebhaberausf., Lederpolster, Radio, viele Extras, zu verkaufen. Barpreis DM 7200.—, Holz, München 19, Romanstr. 9. 7440/583

**VW-Cabriolet,** 2sitzig mit 2 Notsitzen, 19 000 km gelaufen, Aufbau Hebmüller, in erstklassigem, neuwertigem Zustand zu verkaufen. Fahrzeug-Fabrik Eylert KG., Wuppertal-Sonnborn. 7445/584

**Rennwagen,** Monoposto, selten schönes Fahrzeug, weit über 200 km Spitze, mit allermodernstem Chassis, in erstklassigem Zustande besonderer Umstände halber, s p o t t b i l l i g abzugeben. Angebote unter Chiffre 3542 an DAS AUTO, Stuttgart, Postfach 1042. 7449/584

**PKW-Hanomag Sturm,** Motor 27 000 km gelaufen, in sehr gutem Zustand, mit Methangas-Anlage, gegen Barzahlung billig abzugeben. Dortmund, Droste Hülshoffstr. 10, Tel. 404 35. 7452/584

**VW-Sportzweisitzer,** Eigenbau, rass. Wagen, Umstände halber für DM 3000.— zu verk. Angeb. u. Chiffre 3545 an DAS AUTO, Stuttgart, Postfach 1042. 7455/584

**BMW, Typ 321,** 2-l-Cabr., 2sitzig m. Notsitzen, ledergepolstert, 2türig, hellgrau, Radio u. Heizung, in gutem Zustand, gegen Gebot zu verk. Angeb. u. Chiffre 3548 an DAS AUTO, Stuttgart, Postfach 1042. 7460/585

**BMW-Limousine Typ 326,** in allerbester Verfassung im Auftrage preisgünstig abzugeben. Auto-Köster Schmallenberg, Tel. 355. 7465/585

**BMW-Spezial-Cabriolet** (Wendler, Reutlingen), 2 Sitze und 2 Kinder, Lederpolsterung, 2-l-Doppelvergaser Öldruckbremse, sehr gepflegter Wagen mit sportlichem Aussehen in sehr gutem Zustand. Verkauf freibleibend an Höchstgebot (Standort: Mittelbaden). Ang. u. Chiffre 3552 an DAS AUTO, Stuttgart, Postfach 1042. 7467/585

**Scampolo,** Kleinstrennwagen Formel III zu verkaufen. Evtl. Tausch gegen Gebrauchswagen. Ang. u. Chiffre 3555 an DAS AUTO, Stuttgart, Postfach 1042. 7472/586

**BMW-Sportwagen,** Type 328, 80 PS, neuwertig, u. Opel-Blitz, 3,6 l, neuwertig, günstig zu verkaufen. Angebote unter Chiffre 3556 an DAS AUTO, Stuttgart, Postfach 1042. 7473/586

**Lancia-Astura,** sehr gut erhalten, Cabriolet 2,9 l, Maschine neu überholt, kurzfristig zu verkaufen. Angebote unter Chiffre 3557 an DAS AUTO, Stuttgart, Postfach 1042. 7476/586

**Adler Standard 8,** Limousine, 8-Sitzer, fahrbereit, in bestem Zustand mit 2. Motor sowie allen Ersatzteilen. Häffele, Karlsruhe, Leopoldstr. 5. 7480/586

**2-l-BMW-Rennsportwagen 128 PS** (Fahrzeug v. Rieß, Nürnberg) zu verkaufen. PKW u. LKW werden in Zahlung genommen. Angebote unter Chiffre 3561 an DAS AUTO, Stuttgart, Postfach 1042. 7482/587

**Opel-Blitz-Omnibus, 1½-Tonner,** neuwertig, zugelassen für 15 Personen, 11 Sitzplätze, Lederpolsterung, Verstärkeranlage mit Mikrofon, Schallplattenlaufwerk und Außen-Lautsprechern, 7fach neu bereift, zu verkaufen. Angebot an PATRIA-WKC Fahrradfabrik SOLINGEN, Hans A. May GmbH., Solingen, Postfach 267. 7439/583

**Phänomen, Granit 27,** 2678 ccm, mit Anl., Verg. wenig als Stat. gelaufen, geg. bar od. Motorrad bis 250 ccm zu tauschen. R. Pantke, Pohle 72, Krs. Springe. 7443/583

**Elektro-Führersitzkarren** mit Plane, Luftbereifung (äuß. bill. Betriebskost.), 2 t Tragkraft, Bauj. 1947, sowie kompl. Ladestation wegen Umstellung günstig abzugeben. Angebote unter Chiffre 3541 an DAS Stuttgart, Postfach 1042. 7446/584

---

# Maybach PKW

4—5sitzige Limousine, Typ S. W. 38, 140 PS, 6 Zyl., äußerlich wie maschinell in hervorragendem Zustand zu verkaufen. Preis DM 9500.—. Anfragen unter A. 2558 über

**Anzeigenmittler Carl Gösswein, Nürnberg - I.**

---

# BMW 327/28

## Coupé und Kabriolett

zu verkaufen.

AUTO-BECKER, Düsseldorf, Friedrich-Ebert-Straße 5/7, Telefon 16078/29051

---

# Tauschangebot

**Geboten** BMW-Motor, 55 PS, 2 Vergsr., Type 327.
**Gesucht** BMW-Motor, 80 PS, 3 Vergsr., Type 328.

**Cramer & Meermann K.-G., Essen,** Postfach 236

---

Größeres Automobil-Unternehmen in Industrie-Großstadt d. Ruhrgebietes (Generalvertretung dreier deutscher Markenfabrikate) sucht zum möglichst baldigen Eintritt

**1 erfahrenen Verkaufsleiter**
**2 tüchtige Automobilverkäufer**

Befähigte Herren aus der Branche wollen Angebote unter Beifügung von Zeugnisabschriften, Referenzen und Angabe von Verdienstansprüchen richten unter Chiffre GQ XII/1654 an „DAS AUTO", (14a) Stuttgart, Postfach 1042.

---

**Teller- und Kegelrad** für Austin 743 ccm zu kaufen gesucht.
Rudolf Bühler, Karlsruhe-Durlach, Postfach 43

---

**Remscheider Werkzeugfirma sucht Mitarbeiter zum Verkauf sämtlicher Werkzeuge bei 15% Provision und Sondervergütung. Es wollen sich nur bei der Verbraucherkundschaft bestens eingeführte Fachkräfte melden. Bewerbungen unter Chif. XII/1669 an DAS AUTO, Stuttgart, Postf. 1042**

---

BMW
gater
webe
Licht
stand.
L 21
Haußm

BMW-M
wertig z
3537 an D

Suche
jahr
aussch
AUTO,

Fahrze
kaufe:
Büssir
straße

Kaufe
alle E
Angeb
gart,

DKW
ges. K

*

Autom
ternel
besteh
kehrsla
gebote
Postfac

Warum
haus
feld.

Reifen,
Angebo
Postfach

Ein Bli
bevorzu
träger
alle Erwa
verlangt

Ledermä
Hannove

kostet

Tatra
Höchst
mund-

*

Junge
Mittel
bild, Z
3540 an

Bedeute
beitung
botszei
3560 an

*

Volont
Süddev
perf.
(2. J.
Ch. 35

Technik
Kraftve

# Automobil-Klassiker

Peter Schneider
**Deutsche Autos im Bild**
Diese überarbeitete, erweiterte und neu gestaltete Ausgabe präsentiert das Beste aus 120 Jahren deutscher Automobilbau. Dazu Rennwagen von Audi, BMW, Porsche und Mercedes.
224 Seiten, 465 Bilder, Format 300 x 315 mm
**ISBN 978-3-613-02753-4** **€ 19,95**

Christian Suhr
Ralf Weinreich
**DDR Autos im Bild**
Christian Suhr und Ralf Weinreich haben für ihr neues Buch alle Automodelle der DDR aufgespürt und fotografiert: Von Trabant und Wartburg bis Melkus und Horch .
224 Seiten, 370 Bilder, Format 300 x 310 mm
**ISBN 978-3-613-02935-4** **€ 24,90**

IHR VERLAG FÜR AUTO-BÜCHER
Postfach 10 37 43 · 70032 Stuttgart
Telefon: 01805/00 41 55*; Fax: 01805/959 729*
www.motorbuch.de
*0,14 €/Min. aus dem dt. Festnetz, max 0,42 € pro Minute aus Mobilfunknetzen

Motor buch Verlag

Stand April 2011
Änderungen in Preis und Lieferfähigkeit vorbehalten